页岩及页岩储层评价

〔印〕Bodhisatwa Hazra

〔英〕David A. Wood　　　　〔印〕Devleena Mani　　著

〔印〕Pradeep K. Singh　　　〔印〕Ashok K. Singh

支东明　王小军　宋　永　朱　明等　译

科学出版社

北　京

图字号：01-2020-6946

内 容 简 介

本书重点介绍了页岩的常规地球化学评价方法和实验手段，系统剖析了页岩基质的滞留效应，并补充了生物标志化合物和同位素分析两类信息。本书还详细介绍了干酪根反应动力学和转化率的相关知识，提供了富有机质页岩孔隙、孔径分布及分形几何特征的常用表征方法。

本书可供常规和非常规石油天然气地质学领域相关科研院所的科研工作人员和相关高校师生、油田现场生产部门的技术和管理人员阅读参考。

图书在版编目（CIP）数据

页岩及页岩储层评价／（印）博迪撒沃·哈兹拉（Bodhisatwa Hazra）等著；支东明等译 . —北京：科学出版社，2021.3

书名原文：Evaluation of Shale Source Rocks and Reservoirs

ISBN 978-7-03-067031-1

Ⅰ.①页… Ⅱ.①博…②支… Ⅲ.①油页岩-储集层-评价

Ⅳ.①P618.130.2

中国版本图书馆 CIP 数据核字（2020）第 234833 号

责任编辑：焦 健 李亚佩／责任校对：王 瑞
责任印制：吴兆东／封面设计：无极书装

科 学 出 版 社 出版
北京东黄城根北街 16 号
邮政编码：100717
http://www.sciencep.com
北京建宏印刷有限公司印刷
科学出版社发行 各地新华书店经销
＊

2021 年 3 月第 一 版 开本：787×1092 1/16
2025 年 2 月第三次印刷 印张：8 1/4
字数：200 000

定价：118.00 元
（如有印装质量问题，我社负责调换）

Organic-rich shales: more than just source rocks or reservoirs. The foundations on which the oil and gas industries persist.

富有机质页岩既是烃源岩也是储层，构成了石油和天然气工业的基石。

译者名单

支东明　王小军　宋　永　朱　明
郭旭光　秦志军　郑孟林　黄立良

译者前言

自工业革命以来，化石能源已成为全球各国的经济命脉，它对人类文明进步、社会科技发展和全球气候变化等都产生了重要影响。进入 21 世纪以来，一场源自美国，以页岩气和页岩油勘探开发为代表的"非常规油气革命"席卷全球。富有机质页岩作为生油岩和储层的双重角色也因此越来越受到国内外学者的广泛关注。

David A. Wood 博士 1977 年毕业于英国帝国理工学院，是一位具有全球声誉的石油地质学家。2019 年，Wood 博士和印度中央矿业和能源研究所 Bodhisatwa Hazra 博士等学者联合编著的《页岩及页岩储层评价》一书由 Springer 出版社出版发行。这是迄今为止关于页岩油气评价方法最全面的介绍之一。本书首先介绍了页岩的常规地球化学评价方法和实验手段，在此基础上系统介绍了页岩基质的滞留效应，并补充了生物标志化合物和同位素分析这两类信息。本书还系统介绍了干酪根反应动力学和转化率的相关知识，分享了作者关于干酪根活化能分布的独特观点。在全书的最后，介绍了富有机质页岩的孔隙、孔径分布及分形几何特征。

在本书的编译过程中，得到了中国科学院院士戴金星教授和邹才能教授的鼓励和悉心指导。中国石油勘探开发研究院龚德瑜和周川闽高级工程师审阅了全书，中国地质大学（北京）伍大茂教授、中国石油大学（北京）史权教授和张未来研究员、核工业北京地质研究院彭波高级工程师和美国南加利福尼亚大学陆乐博士对本书的部分文字提出了宝贵意见，在此表示衷心的感谢。此外，本书得到了中国石油重大科技专项"陆相中高成熟度页岩油勘探开发关键技术研究与应用"（2019E-26）的资助。由于时间仓促和译者水平有限，中文译本中可能存在不妥之处，敬请广大读者批评指正。

前　言

　　近年来，透过不同视角对富有机质页岩的研究让我认识到，尽管在过去几十年通过人们辛勤的实验和分析，获得了丰硕的研究成果，使我们对这类复杂的岩石有了一个基本的认识，但还有很多问题有待我们去探究。此外，那些看似我们已经熟练掌握的针对富有机质页岩的常规分析技术和解释方案，通常无法满足理论假设，实际中充满了潜在的陷阱，这使得基于这些技术的解释结论常常会有错误。这样的错误可能会造成严重的后果，如导致我们和烃源岩与储层的"甜点"失之交臂，或者无法准确评估可采储量及其空间展布。

　　正是由于发现了上述问题，我们决心通过编撰这部专著向大家介绍如何通过成熟的富有机质页岩分析技术来获取最有用的信息。为了达到上述目的，我们必须避开那些可能破坏数据质量和有效性的陷阱。此外，为了便于应用，过去几十年中被视为标准的操作常假定实验条件均满足理论假设，以简化分析和解释流程，事实上，十分有必要对这些简化流程进行更加仔细的推敲和检验。我们将本书分为六个章节（外加引言和结论），有针对性地讨论了上述问题。

　　第 1 章引言介绍了关于富有机质页岩的一些基本信息、特征及作为烃源岩和储层的双重角色。第 2 章主要涉及烃源岩表征和成熟度评价的基本原理，以及在此过程中可能存在的各种不确定性。第 3 章介绍了 Rock-Eval（岩石热解）技术，阐述了如何避免产生错误或模棱两可的数据。第 4 章重点介绍了在估算富有机质页岩资源潜力时对"基质滞留效应"进行校正的基本要求。第 5 章基于关键动力学参数，介绍了干酪根的动力学反应以及干酪根转化为油气的时间点和转化率。我们强调了那些在工业界和学术界沿用了几十年的关于干酪根活化能分布的观点是不恰当的，在估算干酪根转化时间点时，这些观点会导致错误的结论。更加现实的干酪根动力学假设可以建立一个更加准确的岩石热解 S2 峰模型。第 6 章在矿物学分析和 Rock-Eval 之外，补充了生物标志化合物和同位素分析两类信息，它们有助于验证页岩的成熟度并精确预测页岩中的"甜点"储层。第 7 章关注并介绍了富有机质页岩的孔隙、孔径分布、分形几何特征及其复杂性。这些信息对于油气储量的计算和产能的评估至关重要。不同的低压气体吸附分析技术通常都有明显的不足之处，这会导致一些页岩的孔隙结构参数无法被准确测定。第 8 章对前几章的主要内容进行了总结。

　　我们衷心希望本书能对您有所助益，使您从不同角度更加全面地认识富有机质页岩。通过阅读和消化本书，我们还希望您能分享我们的热情，在富有机质页岩这一目前仍未彻底认识清楚的领域开展研究并提出更深入的见地。

David A. Wood

英国，巴辛厄姆

2018 年 3 月

致　谢

衷心感谢印度中央矿业和能源研究所（CSIR-Central Institute of Mining and Fuel Research）所长批准出版本书，以及对本书相关工作的指导。同时还要感谢印度国家地球物理研究所（CSIR-National Geophysical Research Institute）所长为我们开展相关工作开放了实验室。此外，还要感谢印度政府科技部"DST 教职员工科研生涯激励保障计划"为相关研究工作提供了资金支持。

目　　录

第1章 引 言

长期以来，富有机质页岩主要被作为常规油气藏的烃源岩来评价，直到最近才对其有了更加全面的认识：富有机质页岩既可以是潜在的烃源岩，也可以是非常规油气藏的潜在储层。通过实验室的分析和模拟来评价页岩的生烃强度，并对不同地质时期滞留在页岩和排出页岩的烃类进行定量评价已经成为现阶段的必备工作。本书详细介绍了富有机质页岩的有机岩石学、地球化学和孔隙结构特征，着重介绍了有效评价和表征富有机质页岩所必须遵循的分析和解释方法。

自从页岩成为一类自生自储的含油气系统以来，对其特性的研究与日俱增（Schmoker，1995；Loucks et al.，2009，2012；Psarras et al.，2017）。页岩是一类细粒的硅质碎屑沉积岩，约占沉积岩的50%（Boggs，2001）。泥岩（mud rock/mudstone）和页岩（shale）两词通常可以交换使用，但它们的定义有所区别，严格来说前者的泥级颗粒应大于50%，后者具有易裂的属性（Peters et al.，2016）。页岩通常是一类细粒、薄层状的沉积岩，其地层一般具有明显的旋回特征，每个旋回都具有独特的地球化学特征（Slatt and Rodriguez，2012）。页岩最重要的属性是含有数量不等（微量—大量）的有机质，其能否生成油气取决于埋藏史和热演化史。页岩油/气、煤层气、油砂和天然气水合物一起统称为非常规油气资源，其商业开采通常需要采取额外的增产措施（Peters et al.，2016；Wood and Hazra，2017a）。

页岩的易裂性受其有机质丰度和矿物组分控制。富含板状或片状矿物的富有机质页岩往往更易开裂，富含硅酸盐和碳酸盐矿物的则相反。页岩往往具有比较复杂的组分，主要由细粒（或粉砂级）的物理风化产物（主要是风化残余的黏土），以及化学和生物化学组分组成（Pettijohn，1984）。在沉积期后的埋藏过程中，随着温度和压力的不断增大，以及地层流体化学特征的变化，沉积物最终会发生复杂的成岩作用（Chermak and Schreiber，2014）。页岩的组分受控于诸多因素，如构造背景、物源、沉积环境、粒度和沉积期后的成岩作用等（Boggs，2001）。碳酸盐和硫化物可作为胶结物出现于页岩中，并交代其他组分。伊利石、蒙脱石、伊-蒙混层、高岭石和绿泥石是页岩中最为常见的黏土矿物类型（Chermak and Schreiber，2014）。黏土矿物的类型和孔隙结构是影响页岩储层油气储集性能的重要因素（Aringhieri，2004）。例如，高岭石和伊利石等黏土矿物的晶间孔是重要的天然气吸附点位分布空间（Cheng and Huang，2004）。

页岩中微量元素的浓度也是十分重要的参数。总体而言，黑色页岩比其他类型的页岩更加富集微量元素（Leventhal，1998）。页岩中微量元素的浓度可以用来判别沉积期的古环境（Tribovillard et al.，2006）。此外，一些金属元素还有可能在页岩中富集形成具有经济价值的矿床（Leventhal，1998）。

受控于有机质丰度和 Fe^{3+}/Fe^{2+} 值，页岩表现出不同的颜色（Pettijohn，1984；Myrow，1990）。红色本质上是由较高的 Fe^{3+}/Fe^{2+} 值造成，绿色则是由较低的 Fe^{3+}/Fe^{2+} 值造成，后者对应于较强的还原环境（McBride，1974）。页岩较深的颜色通常和较高的有机质丰度密切相关（Varma et al.，2014）。在页岩的沉积学研究中，"页岩沉积相"的概念被诸多学者广泛采用（Schieber，1989，1990；Macquaker and Gawthorpe，1993）。在评价仅含极少沉积构造的页岩地层的沉积环境时，基于组分的"页岩沉积相"分析尤为有效。例如，Macquaker 和 Gawthorpe（1993）基于黏土、粉砂、生物成因组分和碳酸盐含量及是否发育层理等识别出五种类型的页岩岩相。原生沉积构造（包括韵律纹层）可为古沉积环境分析提供重要的线索（Schieber，1998；Slatt and Rodriguez，2012）。纹层是页岩中最为常见的沉积构造，包括不同的类型，如连续-均匀的、断续-不均匀的、透镜状的和细褶状的等。每一个纹层都是页岩沉积期一组沉积控制因素的综合记录。页岩单纹层内部的特征也可以为沉积环境分析提供重要的线索，如粒序结构和黏土矿物的定向排列等（Schieber，1990）。页岩中的微观颗粒排列同样可以为搬运和沉积过程分析提供必要的线索（Schieber，1998）。但是，经历沉积期后的复杂压实和其他成岩作用的页岩会发生不同程度的变化，这给利用微观颗粒排列来恢复沉积环境带来了一些问题。

现在，还出现了页岩岩相的概念，旨在通过研究有机质丰度、脆性和矿物组分等特征来识别页岩地层的岩性特征，这一概念已经成为页岩油气勘探和开发的重要工具（Dill et al.，2005；Tang et al.，2016）。鉴于富有机质页岩主要表现为超低的渗透率（Guarnone et al.，2012），黏土矿物的含量就决定了它们的"塑性"和"可压裂性"（Jarvie et al.，2007；Tang et al.，2016）。通常情况下，当黏土矿物含量<40%时，页岩被认为是脆性的（Tang et al.，2016），这也是适合水力压裂的理想情况。总体而言，若页岩中石英和碳酸盐矿物的含量多于黏土矿物，在压裂过程中，裂缝更容易起裂和延伸（Wood and Hazra，2017c）。相反，因具有自封闭的特性，富黏土页岩不利于人造缝的延伸（Josh et al.，2012）。Tang 等（2016）在研究中国南方志留系龙马溪组海相页岩时强调了页岩岩相的重要性。他们发现富有机质硅质页岩层具有较高的游离气存储空间，而富有机质黏土页岩层则具有较高的甲烷吸附能力。他们据此认为，区分两类页岩岩相是揭示潜在"产层"的有效方法。

测定页岩的生烃能力，明确哪些烃类馏分可以排出（确定烃源岩性质），哪些馏分会滞留（确定非常规储层性质）是表征页岩和预测页岩油气远景资源潜力的首要任务。页岩的远景资源量很大程度上取决于有机质的性质、类型、丰度、组成和成熟度（Wood and Hazra，2017b）。有机质的生烃潜力取决于有机质中的碳和氢元素是否存在联系（Dembicki，2009）。氢含量越高，生成的烃类数量就越大（Dembicki，2009）。页岩中的烃类可能以吸附状态分布在有机质或其他矿物的孔隙结构中（Curtis，2002；Ross and Bustin，2009），也可能以溶解态存在。其中，存在于页岩孔隙中的吸附烃构成了页岩油气的主体，因此从宏观、微观乃至纳米尺度刻画页岩储层的孔隙结构就变得尤为重要。在实验室对页岩的上述属性进行表征，对于评估页岩作为油气藏的潜力具有重要意义。

用地球化学表征富有机质页岩中的有机质及其生烃、滞留烃和排烃能力，为评价（页岩）油气藏的潜力提供了重要的信息（Jarvie et al.，2007）。开放体系下的程序化热解技术结合基于光学显微镜的有机岩石学分析已成为表征富有机质页岩地球化学特征的有效手段（Carvajal-Ortiz and Gentzis，2015；Hackley and Cardott，2016；Romero-Sarmiento et al.，2016；Hazra et al.，2017）。低压气体吸附技术是揭示页岩储层孔隙结构形态和孔径分布特征的一种有效手段。然而，为了在纳米尺度上获得有意义的孔隙结构参数，需要对低压气体吸附分析数据进行仔细的解释。

本书中，我们一步一步地从不同方面介绍页岩有机质的表征方法。我们以现有技术（如有机岩石学、地球化学、烃源岩评价和低压气体吸附技术等）为基础，介绍它们在近些年怎样被不断地改进和广泛地开发，并为页岩油气资源的远景评价提供重要支撑。本书还介绍正确评价页岩烃源岩性质应遵循的各类分析方法。此外，我们探讨如何建立生烃动力学反应（模型），页岩中的各类生物标志化合物如何反映油气可能的生成时间，确定干酪根转化和未转化为油气的数量。

在第 2 章中，我们讨论烃源岩地球化学的基础知识，包括有机质的丰度、类型和成熟度等，用于确定页岩的生烃潜力。页岩的镜质组反射率被用来评价其成熟度，但需要认真审视镜质体颗粒的质量。它们在页岩中的含量普遍很低（分散），常常表现为杂色并具粗糙的表面。在第 3 章中，我们重点介绍目前被广泛用于获取页岩生烃潜力参数的岩石热解（Rock-Eval）技术，以及运用 Rock-Eval 参数正确评价烃源岩的主要方法。如果我们忽视这些方法，那么试样的粒度、FID 信号、S2 的热解谱图峰形、FID 线性度和 S4CO$_2$ 氧化谱图峰形等因素就可能会造成基于 Rock-Eval 参数的烃源岩评价结果失真。在第 4 章中，我们讨论 Rock-Eval 等开放体系下无水热解实验中页岩基质对烃类滞留的影响。并考虑在热解过程中干酪根类型和岩石基质对页岩中烃类流体释放的影响。这对基质滞留效应和惰性有机质效应的校正是十分重要的，尤其是在评价页岩储层的油气潜力时。在第 5 章，我们详细介绍从干酪根到烃类流体的转化过程及相关的动力学反应，并回顾与上述转化有关的数据测定、分析、建模和解释技术。第 6 章介绍生物标志化合物和同位素技术的重要作用，讨论它们可以提供的有关页岩沉积物的来源、沉积环境和有机质成熟度的重要信息。第 7 章详细分析富有机质页岩的孔隙度和孔径分布特征；基于低压气体吸附技术，将页岩的孔径分布作为碎样粒度（碎样前处理目数）、有机质丰度和成熟度的函数，对其特征进行表征；并且进一步讨论页岩孔隙的分形维数及其重要性，介绍其如何影响页岩的油气储集能力。

参 考 文 献

Aringhieri R（2004）Nanoporosity characteristics of some natural clay minerals and soils. Clays Clay Miner 52：700-704

Boggs Jr S（2001）Sedimentary structures. In：Principles of sedimentology and stratigraphy, 3rd edn. Prentice-Hall, Upper Saddle River（New Jersey），pp 88-130

Carvajal-Ortiz H，Gentzis T（2015）Critical considerations when assessing hydrocarbon plays using Rock-Eval pyrolysis and organic petrology data：data quality revisited. Int J Coal Geol 152：113-122

Cheng AL，Huang WL（2004）Selective adsorption of hydrocarbon gases on clays and organic matter. Org Geochem 35：413-423

Chermak JA，Schreiber ME（2014）Mineralogy and trace element geochemistry of gas shales in the United States：

environmental implications. Int J Coal Geol 126: 32-44

Curtis JB (2002) Fractured shale-gas systems. AAPG Bull 86: 1921-1938

Dembicki H Jr (2009) Three common source rock evaluation errors made by geologists during prospect or play appraisals. AAPG Bull 93: 341-356

Dill HG, Ludwig RR, Kathewera A, Mwenelupembe J (2005) A lithofacies terrain model for the Blantyre Region: implications for the interpretation of palaeosavanna depositional systems and for environmental geology and economic geology in southern Malawi. J Afr Earth Sci 41 (5): 341-393

Guarnone M, Rossi F, Negri E, Grassi C, Genazzi D, Zennaro R (2012) An unconventional mindset for shale gas surface facilities. J Nat Gas Sci Eng 6: 14-23

Hackley PC, Cardott BJ (2016) Application of organic petrography in North American shale petroleum systems. Int J Coal Geol 163: 8-51

Hazra B, Dutta S, Kumar S (2017) TOC calculation of organic matter rich sediments using Rock-Eval pyrolysis: critical consideration and insights. Int J Coal Geol 169: 106-115

Jarvie DM, Hill RJ, Ruble TE, Pollastro RM (2007) Unconventional shale-gas systems: The Mississippian Barnett Shale of north-central Texas as one model for thermogenic shale-gas assessment. AAPG Bull 91 (4): 475-500

Josh M, Esteban L, Piane CD, Sarout J, Dewhurst DN, Clennell MB (2012) Laboratory characterization of shale properties. J Petrol Sci Eng 88-89: 107-124

Leventhal JS (1998) Metal-rich black shales: formation, economic geology and environmental considerations. In: Schieber J, Zimmerle W, Sethi P (eds) Shales and mudstones II. E. Schweizerbart'sche Verlagsbuchhandlung, Stuttgart

Loucks RG, Reed RM, Ruppel SC, Jarvie DM (2009) Morphology, genesis, and distribution of nanometer-scale pores in siliceous mudstones of the Mississippian Barnett Shale. J Sediment Res 79: 848-861

Loucks RG, Reed RM, Ruppel SC, Hammes U (2012) Spectrum of pore types and networks in mudrocks and a descriptive classification for matrix-related mudrock pores. AAPG Bull 96: 1071-1098

MacQuaker JHS, Gawthorpe RL (1993) Mudstone lithofacies in the Kimmeridge clay formation, Wessex Basin, Southern England: implications for the origin and controls of the distribution of mudstones. J Sediment Petrol 63: 1129-1143

McBride EF (1974) Significance of color in red, green, purple, olive, brown and gray beds of Difunta Group, northeastern Mexico. J Sediment Petrol 44: 760-773

Myrow PM (1990) A new graph for understanding colors of mudrocks and shales. J Geol Educ 38: 16-20

Peters KE, Xia X, Pomerantz AE, Mullins OC (2016) Geochemistry applied to evaluation of unconventional resources. In: Ma YZ, Holditch SA (eds) Unconventional oil and gas resources handbook: evaluation and development. Gulf Professional Publishing, Waltham, MA, pp 71-126

Pettijohn FJ (1984) Sedimentary rocks. Harper & Row, New York

Psarras P, Holmes R, Vishal V, Wilcox J (2017) Methane and CO_2 adsorption capacities of kerogen in the Eagle Ford shale from molecular simulation. Accounts Chem Res 50 (8): 1818-1828.

Romero-Sarmiento M-F, Pillot D, Letort G, Lamoureux-Var V, Beaumont V, Huc A-Y, Garcia B (2016) New Rock-Eval method for characterization of unconventional shale resource systems. Oil & Gas Science and Technology 71: 37

Ross DJK, Bustin RM (2009) The importance of shale composition and pore structure upon gas storage potential of shale gas reservoirs. Mar Pet Geol 26: 916-927

Schieber J (1989) Facies and origin of shales from the Mid-Proterozoic Newland Formation, Belt Basin, Montana, USA. Sedimentology 36: 203-219

Schieber J (1990) Significance of styles of epicontinental shale sedimentation in the Belt basin, Mid-Proterozoic of Montana, USA Sed Geol 69: 297-312

Schieber J (1998) Deposition of mudstones and shales: overviews, problems, and challenges. In: Schieber J, Zimmerle W, Sethi P (eds) Mudstones and shales (vol 1). Characteristics at the basin scale. Schweizerbart' sche Verlagsbuchhandlung, Stuttgart

Schmoker JW (1995) Method for assessing continuous-type (unconventional) hydrocarbon accumulations. In: Gautier DL, Dolton DL, Takahashi KI, Varnes KL (eds) National assessment of United States oil and gas resources—results, methodology, and supporting data: U. S. Geological Survey Digital Data Series 30, CD-ROM

Slatt RM, Rodriguez ND (2012) Comparative sequence stratigraphy and organic geochemistry of gas shales: commonality or coincidence? J Nat Gas Sci Eng 8: 68-84

Tang X, Jiang Z, Huang H, Jiang S, Yang L, Xiong F, Chen L, Feng J (2016) Lithofacies characteristics and its effect on gas storage of the Silurian Longmaxi marine shale in the southeast Sichuan Basin China. J Nat Gas Sci Eng 28: 338-346

Tribovillard N, Algeo TJ, Lyons T, Riboulleau A (2006) Trace metals as paleoredox and paleoproductivity proxies: an update. Chem Geol 232: 12-32

Varma AK, Hazra B, Srivastava A (2014) Estimation of total organic carbon in shales through color manifestations. J Nat Gas Sci Eng 18: 53-57

Wood DA, Hazra B (2017a) Characterization of organic-rich shales for petroleum exploration & exploitation: a review—Part 1: Bulk properties, multi-scale geometry and gas adsorption. J Earth Sci 28 (5): 739-757

Wood DA, Hazra B (2017b) Characterization of organic-rich shales for petroleum exploration & exploitation: a review—Part 2: Geochemistry, thermal maturity, isotopes and biomarkers. J Earth Sci 28 (5): 758-778

Wood DA, Hazra B (2017c) Characterization of organic-rich shales for petroleum exploration & exploitation: a review—Part 3: Applied geomechanics, petrophysics and reservoir modeling. J Earth Sci 28 (5): 779-803

第 2 章	烃源岩地球化学：有机质的 丰度、类型和成熟度

烃源岩评价或地球化学筛选是勘探油气藏的第一步，也是最重要的一步（Jarvie，2012a，2012b）。一套有效的烃源岩必须满足一定的有机质丰度、类型和成熟度条件（Tissot and Welte，1978）。对于页岩含油气系统或煤系这类源储一体的地层（非常规油气藏）而言，地球化学分析需要涵盖以下几个方面：游离油/气的数量，有机质的数量和质量，成熟度，以及有效碳和残余碳（或惰性碳）的相对比例等。上述变量共同决定了富有机质地层的地球化学"质量"，通常以地球化学剖面图予以充分概括。

2.1 有机质丰度

有机质丰度决定了潜在烃源岩或非常规储层的生烃能力，主要表现为生烃量及基质储集油气的能力。Rock-Eval 岩石热解（第 3 章中详述），即开放体系下的程序化热解方法被广泛地应用于地球化学分析，主要通过测定总有机碳（total organic carbon，TOC）并区分游离油/气、热解重质馏分及有效碳和残余碳等不同组分来反映页岩的有机质丰度。对于潜在烃源岩或有效生烃系统中的有机质丰度或 TOC 的下限值，不同的学者其观点不尽相同。Welte（1965）指出有效烃源岩的 TOC 下限至少要达到 0.5%，而 Peters 和 Cassa（1994）根据 TOC 将烃源岩分为差（0 ~ 0.5% TOC）、中等（0.5% ~ 1% TOC）、好（1% ~ 2% TOC）、很好（2% ~ 4% TOC）和极好（>4% TOC）五个级别。其他学者也尝试着对 TOC 的下限进行了微调。例如，Jarvie 和 Lundell（1991）、Bowker（2007）和 Burnaman 等（2009）就提出了非常规页岩储层不同的 TOC 下限。一套潜在烃源岩 TOC 的下限值受诸多因素影响，如有机质的干酪根类型、热演化程度和烃源岩的矿物组分等（Wood and Hazra，2017）。这些因素对 TOC 的影响将在后面的章节中进行讨论。

2.2 有机质组成

有机碳数量本身并不能决定烃源岩的生烃能力。有机质中氢元素的含量对其生烃能力具有重要的影响。受有机质类型和成熟度的影响，有机碳既可能具备生烃能力，也可能不具备生烃能力。干酪根是页岩中有机碳最重要的赋存形式。不同类型的干酪根具有不同的生、排烃能力。干酪根由一系列不同的元素组成，通常可以分为 Ⅰ 型、Ⅱ 型、Ⅲ 型和Ⅳ 型四种类型（van Krevelen，1961，1993）。一部分干酪根易于生成液态烃，一部分则更易生成天然气，还有一部分干酪根可能生成油气混合物，但也有一部分干酪根根本就不具备大量生烃的能力。干酪根生烃能力的显著差别在本质上都与其在低成熟阶段的含氢量有关。

相对于Ⅲ型和Ⅳ型干酪根，Ⅰ型和Ⅱ型干酪根主要表现为：更高的初始氢元素含量、较高的 H/C 原子比和较低的 O/C 原子比，含有较多的脂肪族化合物，可以生成更多的石油（液态烃）。Ⅲ型干酪根以相对于Ⅰ型和Ⅱ型干酪根更低的 H/C 原子比和更高的 O/C 原子比为典型特征，随着成熟度的增加，主要生成天然气。Ⅳ型干酪根中氢含量极低，O/C 原子比变化较大，几乎不具备生烃能力。相较于Ⅰ型干酪根，Ⅱ型干酪根含有更多的脂环结构，这一特点提升了其生成环烷基油的能力。相反，Ⅰ型干酪根（主要由于富含长链脂肪族结构）通常生成富含蜡质的石蜡油。通常，Ⅱ型干酪根是页岩中生成液态烃的最主要的干酪根类型（Romero-Sarmiento et al., 2014）。

Hackley 和 Cardott（2016）指出，从有机岩石学角度来看，在北美成熟页岩气地层中，固体沥青是有机质最主要的组成部分。油气地球化学家将沥青定义为可以通过常用有机溶剂提取出来的沉积有机质，而未抽提出来的部分则称为干酪根。但是，Hackley 和 Cardott（2016）所称的固体沥青代表的是显微组分（显微镜下可识别的在沉积岩中的有机成分），是在热成熟作用下发生生烃和改造过程的次生产物。

在富有机质沉积物中最常见的干酪根有机显微组分包括镜质组、惰质组和壳质组（含藻类体）。镜质组显微组分主要来源于由维管植物的纤维素和木质素残骸组成的木质组分。相反，惰质组显微组分主要来源于那些（埋藏之前或在埋藏早期）经历了（部分或彻底）燃烧和氧化的有机质。壳质组显微组分主要来源于藻类、细菌及高等植物的生殖器官、树皮和分泌物等。湖相页岩沉积物主要包含壳质组显微组分，它们主要由孢子和角质等植物的化学分离部分组成（Hackley and Cardott, 2016）。

在细粒页岩中，镜质组和惰质组显微组分通常难以区分，可简单将其分为两大类（Hackley and Cardott, 2016）。但在一些与页岩呈互层分布的煤系地层中，镜质组和惰质组显微组分是可以区分的。以在印度东部拉尼根杰（Raniganj）盆地钻遇的页岩和煤系互层为例，图 2.1 展示了该地层高 TOC 页岩油浸样品的显微照片，从图中可以清晰地看到均匀分布的无结构镜质体显微组分。镜质组反射率（R_o）是评价某一特定的煤系或页岩地层所达到的最大成熟度的标准分析方法。这类方法通常只针对无结构镜质体显微组分，因为其分布均匀，且镜质组反射率随着成熟度的增加而增加。

在反射白光下（油浸），镜质组显微组分呈中灰色。它们往往表现出介于较深的壳质组和较浅的惰质组之间的反射率（图 2.2）。壳质组在反射白光下表现为暗色，在三类有机显微组分中具有最低的反射率。壳质组在短波辐射的激发下会发出不同强度的荧光，而其他几类显微组分则无此特征［图 2.2（b）］。惰质组的反射率在三类有机显微组分中是最高的。

几乎没有烃源岩是仅由单一类型干酪根组成的，更多情况下是由多种混合有机显微组分构成，并表现为某种干酪根类型占优势（图 2.2）。对于页岩或煤而言，任何主要的地球化学分析方法（元素分析或 Rock-Eval），其最大的局限性在于它们反映的是所有类型的有机质（显微组分）的总体特征，这会淡化甚至是掩盖不同类型干酪根特有的生烃特点。确定和考虑不同有机质的相对含量，并评价其成熟度，有助于更严谨地模拟和解释油气的生成过程。此外，对显微组分的详尽分析可以帮助有机岩石学家确定不同类型的干酪根的油气转化率。例如，在图 2.3 中可以看到印度拉尼根杰盆地上二叠统拉尼根杰组高 TOC

图2.1　印度拉尼根杰盆地上二叠统拉尼根杰组页岩显微照片

样品 TOC 为 9.44%，处在主生油窗阶段可见无结构镜质体显微组分（镜质组）

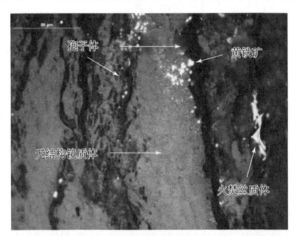

(a) 反射白光下的照片

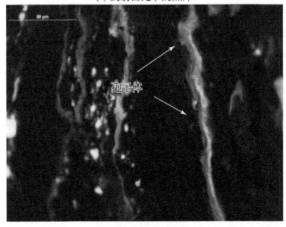

(b) 蓝光荧光下的照片

图2.2　印度拉尼根杰盆地上二叠统拉尼根杰组碳质页岩显微照片

样品处在主生油窗阶段，TOC 为 26.56%。图中可见无结构镜质体显微组分（镜质组）、火焚丝质体（惰质组）、
孢子体（壳质组）和黄铁矿［图2.2（a）中的高反射率矿物］。蓝光荧光下只有孢子体显微组分发荧光

（7.04%）页岩样品的微粒体、镜质体和孢子体（通过其荧光特征识别，在反射白光下呈暗色）。图 2.3 中高反射率微粒体显微组分的存在说明有一些烃类已经从样品中被排出。微粒体是一类次生显微组分，主要出现在富氢有机质向烃类转化的过程中。因此，微粒体的出现常常与壳质组显微组分关系密切，通常将其解释为壳质组向烃类转化后的残余物（Taylor et al.，1998）。Gorbanenko 和 Ligouis（2014）在对德国西北部成熟早期和过成熟波塞冬页岩的研究中发现，随着成熟度的增加，结构藻类体（藻类体）的性质会发生显著的变化。对于一些成熟页岩而言，结构藻类体的表面表现出"锈蚀"或"粗糙"的特征，说明它们经历了生烃过程。相反，对于那些过成熟的页岩而言，壳质组显微组分不再具有荧光特性。这些过成熟页岩在基质中还可见到微粒体、次生碳酸盐矿物、黄铁矿和热解碳。此外，这些过成熟页岩中的原生镜质组可见明显的缝洞特征，这些特征在成熟度较低的样品中是不存在的。观察到的这些有机矿物在形态学上的变化主要是由壳质组显微组分生成液态烃造成的。因此，对有机显微组分详细的岩相分析有助于我们研究富有机质页岩的初始生烃潜力。

(a) 反射白光下的照片

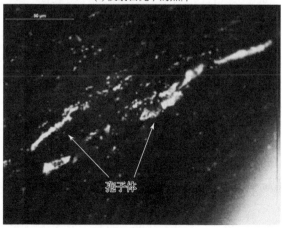

(b) 蓝光荧光下的照片

图 2.3 印度拉尼根杰盆地上二叠统拉尼根杰组低成熟度、高 TOC 页岩（TOC 为 26.56%）显微照片
可见镜质体、孢子体和微粒体，其中微粒体和孢子体之间存在着密切的联系

显微组分的活性是研究煤利用技术的煤地质学家感兴趣的内容。最初，人们认为惰质组是完全惰性的，在任何技术条件下都是不熔的（Stach，1952）。然而，Ammosov 等（1957）、Košina 和 Heppner（1985）、Rentel（1987）及 Varma（1996，2002）开展的研究揭示了一些与惰质组有关的反应性，以及它们在技术应用中的积极作用，如促进煤的碳化和燃烧。Hazra 等（2015）还发现一些惰质组显微组分的活性对印度二叠系页岩的生烃能力具有积极的影响，但影响程度弱于该套页岩中的其他显微组分（主要为Ⅲ型干酪根）。

2.3　有机质成熟度

页岩和煤中有机质的成熟度是评价其生烃潜力必不可少的信息。在沉积及沉积期后的埋藏过程中，有机质和干酪根的性质会随着页岩成熟度的增加而发生变化（Tissot and Welte，1978）。随着成熟度的增加，干酪根不仅部分转化为烃类，而且在内部会形成次生孔隙，这一点是十分重要的（Loucks et al.，2012）。干酪根中的孔隙是页岩和其他非常规富有机质储层的重要孔隙类型，为油气存储提供了空间。

在早成岩期埋藏阶段，有机质中的氧元素流失严重，导致 O/C 原子比急剧降低，而 H/C 原子比则变化不大。在该阶段，干酪根还没有成熟，意味着它无法生成油气。进入深成热解作用阶段，有机质生成大量烃类流体导致干酪根 H/C 原子比随着成熟度的增加而不断降低。

确定干酪根成熟度的常用方法是在光学显微镜下用反射光确定镜质组有机显微组分（无结构镜质体，Ⅲ型干酪根）的反射率（Teichmüller，1987；Mukhopadhyay and Dow，1994；Taylor et al.，1998）。镜质组反射率测定（通常用百分比来表示，简写为 R_o）不仅是一种可靠的干酪根成熟度定量评价技术，而且其成本低廉，易于实施。大量研究介绍了如何通过镜质组反射率来确定页岩的成熟度，进而评价其生烃能力（Curtis et al.，2012；Hazra et al.，2015；Hackley and Cardott，2016）。

基于对巴内特（Barnett）页岩（美国得克萨斯州）的表征，Jarvie 等（2005）将页岩成熟度划分为未成熟（<0.55% R_o）、生油窗（0.55%~1.15% R_o）、生凝析油和湿气（1.15%~1.40% R_o）及生干气（>1.40% R_o）四个阶段。通常，对于富氢干酪根（Ⅰ型和Ⅱ型），生成石油的成熟度区间主要分布在 0.6%~1.3% R_o，而天然气主要由Ⅲ型干酪根（如镜质组）生成，或发生在 $R_o \geq 1.0\%$ 的油裂解生气阶段（Hunt，1996）。一些干酪根在较低的热演化阶段（$R_o \leq 0.40\%$）就可以开始生烃，这主要是由于干酪根中富集了硫元素或者生来就具有倾油的特性。Lewan（1998）、Lewan 和 Ruble（2002）的研究还表明，一些干酪根在相对低的热演化阶段就可以生烃是因为含有活性组分。

很明显，干酪根生烃过程的反应速率受控于随成熟度变化的有机显微组分的结构和化学成分。例如，Baskin 和 Peters（1992）发现加利福尼亚中新统蒙特雷（Monterey）组干酪根富集含硫化合物（含量通常>10%），这一特征使得烃源岩可以在较低的成熟度下生成富硫原油。Lewan（1985）和 Tissot 等（1987）认为富硫Ⅱ型干酪根中的 C—S 键很容易断裂，因此可以在相较于 C—C 键（或其他化学键）低得多的温度下发生生烃反应。但是，Lewan（1998）基于热解实验指出，硫自由基的存在控制着成熟早期烃类的生成，而非易断裂的 C—S 键。

在一些情况下，页岩中的镜质组反射率会受到抑制，进而反映错误的成熟度信息。其中一个可能的原因是烃源岩（含混合型干酪根）中来自富氢干酪根的镜质组受到了原油的浸染。例如，Kalkreuth（1982）和 Goodarzi 等（1994）介绍了富含壳质组煤的镜质组反射率受抑制的实例；Hutton 和 Cook（1980）在澳大利亚的一些油页岩样品中发现镜质组反射率随藻类体含量的增加而减小。尽管许多学者提及了上述观点，但在发育壳质组的情况下，镜质组反射率受抑制的原因和机制仍然存在争议（Peters et al.，2018）。一些学者认为镜质组反射率受抑制可能与烃源岩的沉积环境有关。例如，Newman 和 Newman（1982）发现来自新西兰的两个热值和产水率相似的煤样有着差异悬殊的镜质组反射率。他们认为其中一个样品的镜质组反射率受抑制与沉积环境的氧化还原电位有关，而非壳质组的含量。

除主生油窗（早深成作用阶段，R_o 为 0.60%～1.3%）以外，有机质的生烃演化阶段还包括生凝析油和湿气阶段（晚深成作用阶段，R_o 为 1.3%～2%）和生干气阶段（深成变质作用阶段，R_o 为>2%）。在理想情况下，随着埋深增加，页岩和煤中的镜质组反射率是逐渐增加的，同时也会伴随着有机质中碳和芳香类化合物含量的增加，氢和氧含量的降低，以及脂肪族化合物含量的减少（Tissot and Welte，1978）。受局部火成岩侵入和逆冲推覆等重大地质事件的影响，页岩和煤等沉积地层中实测的镜质组反射率可能会发生突变（跃变）。Hazra 等（2015）详细介绍了火成岩侵入作用对页岩生烃能力、孔隙结构、天然气吸附能力及镜质组反射率的影响。以火成岩侵入体为中心，与上覆和下伏地层中的页岩相比，越靠近侵入体的页岩具有越高的镜质组反射率。受火成岩侵入体附近变质带烃源岩中排出的烃类流体的影响，该变质带外围页岩的温度和压力会升高，这在某种程度上提高了它们的成熟度。一些受热影响（被烘烤）的页岩地层可能是天然气勘探的潜在目标。此外，受岩浆侵入影响，有机质会释放出挥发性烃类，进而导致有机质的芳香度增加，脂化度降低，同时形成与脱气相关的孔洞和缝隙（Singh et al.，2007；Hazra et al.，2015）。图 2.4 展示了一张印度拉尼根杰盆地受火成岩侵入影响的页岩样品的显微照片。照片反映了镜质体颗粒中出现的双反射现象，这主要是由火成岩侵入作用引起的温度和压力的突变所致。双反射现象是指在成煤过程中，不同方向上的温度和压力发生变化导致了镜质组反射率的各向异性（Levine and Davis，1989）。热变质富有机质岩石通常发育天然"碳"或天然"焦"，这取决于结焦性这一有机质的固有特性，即它们原来是结焦的还是不结焦的（Singh et al.，2008）。

利用镜质组反射率测定成熟度有很多优点，包括：古生代以来沉积的页岩都发育有镜质体，结果可重复性高，实验室分析操作相对简单且成本低廉等。相较于基于生物标志化合物的地球化学方法，通过测定镜质组反射率来评价成熟度，既经济又省时。然而，页岩中镜质组反射率的测定有时会给出一些容易令人误解甚至是错误的结果。例如，相较于煤，页岩中的镜质体颗粒多呈分散分布，故总体上丰度更低，尺寸更小；镜质体颗粒常常会遭受氧化和改造，致使其表面凹凸不平。这些都会导致镜质组反射率的测定出现偏差。此外，一些页岩还富含来自古老地层遭受侵蚀和改造的镜质体，它们和本套地层中的镜质体混合后也会影响镜质组反射率的测定。以印度拉尼根杰盆地下二叠统 Barren Measures 页

图 2.4　印度拉尼根杰盆地下二叠统巴拉卡（Barakar）组
受异常热源影响的页岩显微照片

岩中的分散镜质体颗粒为例（图 2.5），据其测定的镜质组反射率通常是错误的。在这种情况下，解释人员就必须使用生物标志化合物或 Rock-Eval 的 T_{max} 值等其他替代方法进行成熟度评价，以期获得准确的成熟度。

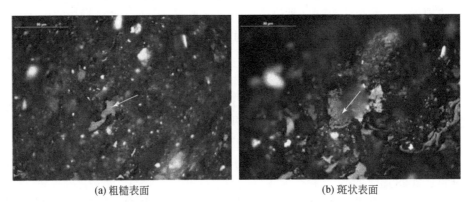

(a) 粗糙表面　　　　　　　　　　　　　　(b) 斑状表面

图 2.5　印度拉尼根杰盆地下二叠统 Barren Measures 页岩显微照片

图中白色箭头指示镜质体颗粒：（a）为粗糙表面，（b）为斑状表面。由于缺少了光滑的反射率表面，
这类镜质体颗粒可能会导致错误的镜质组反射率测值（较实际偏低）

参 考 文 献

Ammosov II，Eremin IV，Suchenko SI，Oshurkova IS（1957）Calculation of coking charges on the basis of petrographic characteristics of coals. Koks Khim 12：9-12（in Russian）

Baskin DK, Peters KE (1992) Early generation characteristics of sulfur-rich Monterey kerogen. Am Assoc Pet Geol Bull 76: 1-13

Bowker KA (2007) Barnett shale gas production, Fort Worth Basin: issues and discussion. AAPG Bull 91 (4): 523-533

Burnaman MD, Xia WW, Shelton J (2009) Shale gas play screening and evaluation criteria. China Pet Explor 14 (3): 51-64

Curtis ME, Cardott BJ, Sondergeld CH, Rai CS (2012) Development of organic porosity inthe Woodford Shale with increasing thermal maturity. Int J Coal Geol 103: 26-31

Goodarzi F, Snowdon L, Gentzis T, Pearson D (1994) Petrological and chemical characteristics of liptinite-rich coals from Alberta, Canada. Mar Pet Geol 11: 307-319

Gorbanenko OO, Ligouis B (2014) Changes in optical properties of liptinite macerals from early mature to post mature stage in Posidonia Shale (Lower Toarcian, NW Germany). Int J Coal Geol 133: 47-59

Hackley PC, Cardott BJ (2016) Application of organic petrography in North American shale petroleum systems. Int J Coal Geol 163: 8-51

Hazra B, Varma AK, Bandopadhyay AK, Mendhe VA, Singh BD, Saxena VK, Samad SK, Mishra DK (2015) Petrographic insights of organic matter conversion of Raniganj basin shales, India. Int J Coal Geol 150-151: 193-209

Hunt JM (1996) Petroleum geochemistry andgeology. W. H. Freeman and Company, New York

Hutton AC, Cook AC (1980) Influence of alginite on the reflectance of vitrinite from Joadja, NSW, and some other coals and oil shales containing alginite. Fuel 59: 711-714

Jarvie DM, Lundell LL (1991) Hydrocarbon generation modeling of naturally and artificially matured Barnett Shale, Fort Worth Basin, Texas. In: Southwest Regional Geochemistry Meeting, September 8-9, 1991, The Woodlands, Texas, 1991. http: //www. humble-inc. com/Jarvie_Lundell_1991. pdf

Jarvie DM, Hill RJ, Pollastro RM (2005) Assessment of the gas potential and yields from shales: the Barnett Shale model. In: Cardott BJ (ed) Unconventional energy resources in the southern midcontinent, 2004 symposium. Oklahoma Geological Survey Circular, vol 110, pp 37-50

Jarvie DM (2012a) Shale resource systems for oil and gas: part 1—shale- gas resource systems. In: Breyer JA (ed) Shale reservoirs—giant resources for the 21st century. AAPG Memoir 97, pp 69-87

Jarvie DM (2012b) Shale resource systems for oil and gas: part 2—shale-oil resource systems. In: Breyer JA (ed) Shale reservoirs—giant resources for the 21st century. AAPG Memoir 97, pp 89-119

Kalkreuth WD (1982) Rank and petrographic composition of selected Jurassic-Lower Cretaceous coals of British Columbia, Canada. Can Petrol Geol Bull 30: 112-139

Košina M, Heppner P (1985) Macerals in bituminous coals and the coking process, 2. Coal mass properties and the coke mechanical properties. Fuel 64: 53-58

Levine JR, Davis A (1989) Reflectance anisotropy of Upper Carboniferous coals in the Appalachian foreland basin, Pennsylvania, U. S. A. In: Lyons PC, Alpern B (ed) Coal: classification, coalification, mineralogy, trace-element chemistry, and oil and gas potential. Int J Coal Geol 13: 341-374

Lewan MD (1985) Evaluation of petroleum generation by hydrous pyrolysis. Phil Trans R Soc Lond A 315: 123-134

Lewan MD (1998) Sulphur-radical control on petroleum formation rates. Nature 391: 164-166

Lewan MD, Ruble TE (2002) Comparison of petroleum generation kinetics by isothermal hydrous and non-isothermal open-system pyrolysis. Org Geochem 33: 1457-1475

Loucks RG, Reed RM, Ruppel SC, Hammes U (2012) Spectrum of pore types and networks in mudrocks and a descriptive classification for matrix-related mudrock pores. AAPG Bull 96: 1071-1098

Mukhopadhyay PK, Dow WG (eds) (1994) Vitrinite reflectance as a maturity parameter: applications and limitations. ACS Symposium Series 570, pp 294

Newman J, Newman NA (1982) Reflectance anomalies in Pike River coals: evidence of variability of vitrinite type, with implications for maturation studies and "Suggate rank". NZ J Geol Geophys 25: 233-243

Peters KE, Cassa MR (1994) Applied source rock geochemistry. In: Magoon LB, Dow WG (eds) The petroleum system—from source to trap. AAPG Memoir. vol 60: pp 93-120

Peters KE, Hackley PC, Thomas JJ, Pomerantz AE (2018) Suppression of vitrinite reflectance by bitumen generated from liptinite during hydrous pyrolysis of artificial source rock. Org Geochem 125: 220-228

Rentel K (1987) The combined maceral-microlithotype analysis for the characterization of reactive inertinites. Int J Coal Geol 9: 77-86

Romero-Sarmiento MF, Rouzaud JN, Barnard S, Deldicque D, Thomas M, Littke R (2014) Evolution of Barnett shale organic carbon structure and nanostructure with increasing maturation. Org Geochem 71: 7-16

Singh AK, Singh MP, Sharma M, Srivastava SK (2007) Microstructures and microtextures of natural cokes: a case study of heat-altered coking coals from the Jharia Coalfield, India. Int J Coal Geol 71: 153-175

Singh AK, Singh MP, Sharma M (2008) Genesis of natural cokes: Some Indian examples. Int J Coal Geol 75: 40-48

Stach E (1952) Die Vitrinit-Durit Mischungen in der petrographischen Kohlenanalyse. Brennst Chem 33: 368

Taylor GH, Teichmüller M, Davis A, Diessel CFK, Littke R, Robert P (1998) Organic petrology. Gebrüder Borntraeger, Berlin

Teichmüller M (1987) Recent advances in coalification studies and their application to geology. In: Scott AC (ed) Coal and coal-bearing strata: recent advances. Geol Soc London Spec Publ 32: 127-169

Tissot BP, Welte DH (1978) Petroleum formation and occurrence: a new approach to oil and gas exploration. Springer-Verlag, Berlin, Heidelberg, New York

Tissot BP, Pelet R, Ungerer P (1987) Thermal history of sedimentary basins, maturation indices, and kinetics of oil and gas generation. Am Assoc Petrol Geol Bull 71: 1445-1466

van Krevelen DW (1961) Coal: typology—chemistry—physics—constitution, 1st edn. Elsevier, Amsterdam, p 514

van Krevelen DW (1993) Coal: typology—chemistry—physics—constitution, 3rd edn. Elsevier, The Netherlands, p 979

Varma AK (1996) Influence of petrographical composition on coking behavior of inertinite rich coals. Int J Coal Geol 30: 337-347

Varma AK (2002) Thermogravimetric investigations in prediction of coking behavior and coke properties derived from inertinite rich coals. Fuel 81: 1321-1334

Welte DH (1965) Relation between petroleum and source rock. AAPG Bull 49: 2249-2267

Wood DA, Hazra B (2017) Characterization of organic-rich shales for petroleum exploration & exploitation: a review—part 2: geochemistry, thermal maturity, isotopes and biomarkers. J Earth Sci 28 (5): 758-778

第 3 章

基于岩石热解技术的烃源岩评价

岩石热解（Rock-Eval）是油气地球化学工作者在烃源岩地球化学评价中广泛使用的一项重要技术。其最常见的配置是一套开放体系下的程序化热解机制，即在预先设定的温度阈值之间对经过细致前处理的样品进行升温加热。样品最初在惰性气体环境下进行热解（生成烃类流体），随后在氧化环境下被氧化。这一方法的主要优点在于可以对样品进行快速分析，并获得一系列表征烃源岩的有用数据。这些数据的可靠性和可重复性高，在分析过程中，样品的消耗量也很小（十分适合对钻井岩心和岩屑的分析）。Rock-Eval 技术现已成为测试井下和地层露头样品的一项常规手段（Espitalié et al.，1985，1986；Peters and Cassa，1994；Sykes and Snowdon，2002）。然而，鉴于分析过程中使用的样品数量很少（根据烃源岩类型的不同，数量在 5 ~ 60 mg 不等），人们不禁会产生疑问：数量这么少的样品能否如实地反映复杂页岩地层中烃源岩的质量？因此，有必要建立各类页岩标样的参考分析测试结果，以确保在特定地层中热解数据的可重复性。

Rock-Eval 设备最早由法国石油研究院（Institut Français du Pétrole，IFP）于 1977 年研发制造（Espitalié et al.，1977）。Espitalié 等（1977）、Espitalié 等（1985）、Espitalié 和 Bordenave（1993）分别介绍了第 1 代、第 2 代和第 3 代 Rock-Eval 不同的结构和功能。Rock-Eval 系统在 20 世纪 90 年代经历了重大升级。升级后的系统更加有利于对不同类型有机质的完全燃烧和热解，进一步提高了所测烃类最大热解峰温的可靠性。1996 年，具备上述升级功能的第 6 代岩石热解装置（Rock-Eval 6）由 Vinci 科技公司研发成功并投入商用，至今仍在销售。与早期第 2 代 Rock-Eval 相比，Rock-Eval 6 的区别主要表现在两方面：一是最终的热解和氧化温度更高。早期版本热解装置的热解最高温度保持在 600℃，而在 Rock-Eval 6 中该温度达到了 800℃。此外，Rock-Eval 6 的最终氧化温度达到了 850℃。这些升级使页岩中一些较重的耐火物质可以获得充分的燃烧。二是使用的载气不同。早期 Rock-Eval 装置使用氦气作为载气，而 Rock-Eval 6 则使用氮气作为载气（Lafargue et al.，1998）。Behar 等（2001）分别使用氦气和氮气作为载气测定了不同重量（5 ~ 78 mg）已知标样的 S2 值。结果表明，当使用氮气作为载气时，不同重量的样品测得的 S2 值基本一致（$\Delta S2 = 2$ mg HC/g rock）。相反，当使用氦气作为载气时，不同重量的样品测得的 S2 值差别很大（$\Delta S2 = 2$ mg HC/g rock）。他们还发现，在动力学研究中，如果采用氮气作为载气，那么在不同升温速率下样品测得的 S2 值基本一致。相反，若使用氦气作为载气，实测的 S2 值会随着升温速率的增加而增加。这些发现说明，在 Rock-Eval 实验中使用氮气作为载气，结果更为稳定。尽管 Rock-Eval 技术最初仅用于表征富有机质烃源岩，但近些年来，人们发现它还可以广泛用于分析各类源储一体型非常规油气藏（页岩、煤和其他致密地层等）的性质（Romero-Sarmiento et al.，2016）。此外，Rock-Eval 技术还被用来分析土壤和其他近地表现代湖泊和海相沉积物中有机质的特征（Di Giovanni et al., 1998；Disnar et al., 2003；Sebag et al., 2006；Saenger et al., 2013）。

3.1 技术方法和各类参数

Rock-Eval 技术是一条完整的分析链条，通过该技术可以获得一系列有关生烃潜力的参数，例如样品中游离烃（可动烃）含量、残余烃（热解烃）含量、TOC、样品的成熟度、活性有机质数量、有机质的质量和类型，以及是否存在碳酸盐矿物等（Lafargue et al., 1998；Behar et al., 2001）。非等温岩石热解分析始于一个热解循环，以氮气为载气，以 300℃为起始温度对样品进行升温加热，根据分析仪器目标设置的不同，最终温度可以设定为 650℃或 800℃。紧随热解循环之后是氧化循环，在该循环中，样品在有氧环境下燃烧。热解分析过程可以选择不同的预设 Rock-Eval 程序，如"基础–全岩法"和"纯有机质法"等。选择何种方法取决于被分析样品的类型（Vinci Technologies, 2003）。

当使用基础–全岩法时，样品首先在 300℃恒温 3min（图 3.1）。在该阶段，游离烃分子和/或那些易于挥发或仅仅是松散地附着在样品基质上的烃类被释放出来形成蒸汽，并以 Rock-Eval S1 曲线的形式被记录下来。火焰离子化检测器（flame ionization detector, FID）被用来探测这些蒸汽。3min 初始恒温阶段过后，紧接着是热解循环加热过程。该过程从 300℃的起始温度开始，按照一个有规律的较小的升温步长，逐渐将样品加热至最终温度（650℃或 800℃）。在热解的第二阶段，有机质或干酪根中的烃类分子和结构被加热、释放或裂解为更小、更易挥发的烃类分子。在较高的温度下（与炼油厂中原油裂解过程使用的温度相似），干酪根中较重的干馏物被释放并挥发。这些挥发的蒸汽再次被 FID 检测到，并以 S2 峰的形式记录下来。因此，S2 值反映了样品的剩余生烃能力，即样品在自然条件下，在地质时间尺度内，经历完整热演化循环（直至进入生干气阶段）后生成烃类的数量。S2 峰的形状和温度特征被广泛地运用于煤、页岩和干酪根生烃潜力的分级评价。在 S2 峰内，热解产物数量达到峰值时对应的温度称为最高热解峰温（T_{max}），该参数被广泛运用于表征烃源岩的成熟度（图 3.1）。样品的成熟度越高，其残余烃基团或分子化合物（即挥发性或烃类分子作为 S1 峰的一部分被释放后残留的部分）就越稳定。残余的烃类基团需要更高的温度才能被分解并生成更多油气。

相较于早期版本，Rock-Eval 6 的一大显著改进是对用于监测热解温度的探针的位置进行了改动。在较早的 Rock-Eval 设备中，温度探针并没有直接和装载样品的坩埚接触，而只是被放置于炉壁内。这就意味着老款 Rock-Eval 设备记录的并不是样品真正的燃烧温度，而是炉壁所达到的温度。在 Rock-Eval 6 中，热电偶被直接安装在活塞上，因此可以准确地测定样品所经历的热解温度（Behar et al., 2001）。对于早期版本的 Rock-Eval 设备而言，T_{max} 是 S2 峰对应的炉壁温度，但在 Rock-Eval 6 中，S2 峰达到的最大温度是 T_{PS2}，故其 $T_{max} = T_{PS2} - \Delta T$。因此，Rock-Eval 6 的 T_{max} 是 S2 峰温的校准温度，是一个成熟度参数，并不代表实际的温度，只是为了让数据解释人员在进行地球化学分级评价的过程中和前几代 Rock-Eval 得到的 T_{max} 保持前后一致（Wood and Hazra, 2018）。在 Rock-Eva 6 中，S2 峰温是从曲线读取的，对于同一样品，在不同升温速率下读取的 T_{max} 值基本保持不变，因此

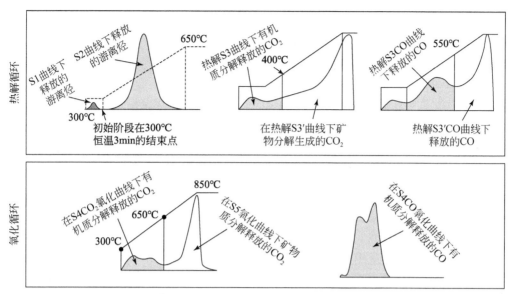

图 3.1　基于 Rock-Eval 基础-全岩法总结的 S1—S5 峰的典型形态（Behar et al.，2001）

它是一个十分有效的反映样品成熟度的参数。但是，当采用不同的升温速率时，S2 峰温和 T_{max} 之间的差值（ΔT）还是会有一些细小的变化。例如，表 3.1 展示了 IFP160000 页岩合成标样在 25℃/min 和 5℃/min 两种不同的升温速率下所得到的热解结果。Rock-Eval 使用指南中给出 IFP160000 页岩合成标样的 T_{max} 应为 416±2℃。根据动力学原理，S2 峰温在较高的升温速率下要高得多，但表 3.1 数据表明，两种升温速率下实测 T_{max} 和预期值都很接近。综上所述，无论选取何种升温速率，通过 Rock-Eval 获得的样品 T_{max} 必须是相似或恒定的，这样才能准确地反映样品的成熟度。另外，应使用代表实际温度的 S2 峰温进行动力学分析（即获取生成 S2 峰的反应活化能）。

表 3.1　在不同升温速率下 IFP160000 页岩标样的 S2 峰温和 T_{max}

升温速率/(℃/min)	T_{max}/℃	S2 峰温/℃	ΔT
25	416	456	40
5	418	425	7

在含有机质岩石的热解过程中，赋存在有机质中的各类含氧化合物同样发生了分解，生成一氧化碳（CO）和二氧化碳（CO_2）。CO 和 CO_2 可以通过高灵敏度连续型在线红外线探测器检测。在热解过程中生成的 CO 和 CO_2 既可能是有机来源也有可能是无机来源（尤其是来自碳酸盐矿物）。若 CO_2 来源于有机质中含氧化合物的分解，对应的反应温度区间主要在 300～400℃，这就构成了 Rock-Eval 的 S3 曲线（Behar et al.，2001）。S3 曲线主要用来计算氧指数［OI；OI＝（S3/TOC）×100］和 TOC。无机成因 CO_2 表示为 S3′，对应的反应温度区间为 400℃直至热解循环结束，其主要被用来确定样品中碳酸盐矿物的含量。同样，热解过程中生成的 CO 也分有机和无机两种来源。它们构成了 S3CO（有机成因 CO）和 S3′CO（有机和无机成因 CO）两个岩石热解谱峰（图 3.1）。有机成因 CO 对岩石热解中 TOC 的计算

有贡献。假设 S1 和 S2 释放烃类中的碳含量为 83%，那么就可以计算出总的有效碳（pyrolyzable carbon，PC）（同样还包括了含氧化合物释放的碳）（Behar et al.，2001）。

在 Rock-Eval 热解循环结束后，装载着热解样品的坩埚被自动转移到氧化室。氧化室的起始温度为 300℃，以 20℃/min 的升温速率逐渐升温至最高温度（850℃），将残余有机质燃烧殆尽。当有氧存在时，有机质会燃烧生成 CO 和 CO_2，它们再次被红外线探测器检测到，表示为岩石热解 S4CO 和 S4CO_2 曲线（图 3.1）。有机质燃烧所生成的 CO 和 CO_2 对样品残余碳（residual carbon，RC）的计算有贡献。结合 PC 和 RC 含量，我们就可以测定样品的 TOC。通常情况下，所有的有机质在 650℃ 以内都会燃烧殆尽。如果样品中含有方解石和白云石等碳酸盐矿物，就需要更高的氧化温度（通常大于 650℃）才能将其彻底分解。由碳酸盐矿物氧化生成的 CO_2 构成了 S5 曲线（图 3.1）。菱铁矿等其他碳酸盐矿物在热解过程中的起始分解温度在 400~650℃，可以分别通过 S3′ 和 S3′CO 岩石热解曲线来表示（Lafargue et al.，1998）。

"纯有机质"热解法适用于那些不含任何碳酸盐矿物的样品。这种方法设定的最高热解温度为 800℃，这样就可以获得无碳酸盐成熟煤相对更高的 T_{max}。当使用"纯有机质"热解法时，在氧化过程中产生的所有 CO_2 都表示为 S4CO_2 曲线。在计算 TOC 时，S4CO_2 之下的面积即为 RC。由于样品中不含碳酸盐矿物，"纯有机质"热解法没有有机成因 CO_2（S4）和无机成因 CO_2（S5）的边界。

3.2 烃源岩和（页岩）储层评价的重要指标和关键认识

3.2.1 岩石热解 S1

Rock-Eval 的 S1 峰反映了样品中是否存在游离-可动烃类（天然气、原油和沥青）。因此，它可以测量煤、页岩和致密储层中原位的气态、液态和固态油气。然而，有一部分游离-可动烃实际上可能是从外部运移进入待检测地层的（即其他地层生成的油气最终运移到了待检测地层中）。因此，尽管 S1 释放的烃类化合物大部分可能是原生的，但其中可能也不乏一部分从其他地层运移而来的化合物，以及从本套地层其他位置调整再运移而来的化合物（Hunt，1996）。此外，对于井下样品而言，S1 峰可能还包含了来自钻井液的污染物，尤其是使用油基泥浆（oil-based-mud，OBM）时。这些烃类污染物主要在热解阶段发生裂解，可造成 S1 峰增高的假象，并且其残留物可能还会影响到岩石热解的 S2 和 T_{max} 值。

Carvajal-Ortiz 和 Gentzis（2015）论述了油基泥浆对白垩系页岩 Rock-Eval S1、S2 和 T_{max} 测值的影响。他们发现前期遭受污染的样品具有极高的 S1 值，该值比 Rock-Eval 6 的探测极限高出 125 mV。通过有机溶剂对样品清洗后对样品进行再分析，结果表明，与同一层未遭受污染的样品相比，受污染样品的 S2 和 TOC 分别增加了 36% 和 19%，而 T_{max} 下降了 16℃。上述情况说明通过有机溶剂清洗污染样品可能并不总是最好的解决办法，因为有机溶剂可能还会和污染物一起从样品中去除部分原生的 S1 和 S2 组分。因此，在解释数据之前，对来自井下的可能有潜在污染的样品必须极其小心。

图 3.2 展示了油基泥浆污染对页岩热解 S1 的影响。图 3.2（a）为一个受油基泥浆严重污染的印度二叠系页岩样品的典型热解谱图（只有 S1 和 S2 峰），其 S1 峰发生了不成比例的增大；图 3.2（b）是一个来自印度二叠系未受污染的页岩样品的热解谱图；图 3.2（c）同样是一个来自二叠系页岩的热解谱图，但在 S1 和 S2 峰之间可以看到两个较小的峰。对于受油基泥浆污染的页岩［据 Carvajal-Ortiz 和 Gentzis（2015）修改］而言，S1 释放的烃类数量远远大于 S2 释放的烃类［图 3.2（a）］。对于未受污染的页岩样品而言［图 3.2（b）］，S1 峰则远小于 S2 峰。一些样品可能含有较重的烃类和残留物，其在 S1 峰的温度区间内没有被气化，而是到了 S2 峰之前或是 S2 峰的初始阶段才被气化。它们有可能在 S1 峰和 S2 峰之间形成一些较小的峰，进而影响到对样品生烃能力的解释［图 3.2（c）］。Dembicki（2017）指出当样品中含有树脂体和/或沥青质体时，就有可能产生此类小峰，因为这些化合物在 S1 的热解温度区间内是无法彻底裂解的。此外，一些钻井液中含有硬沥青（沥青质的一种），被此类钻井液污染的样品在 S1 峰和 S2 峰之间也会释放烃类。图 3.2（c）两个小峰下释放的烃类数量均小于 S2 主峰，这种情况下 T_{max} 没有被压制。然而，若样品被严重污染，由被污染烃类形成的峰可能会超过实际的 S2 主峰，这样就会导致 T_{max} 被压制，进而有可能会得出错误的解释结论。

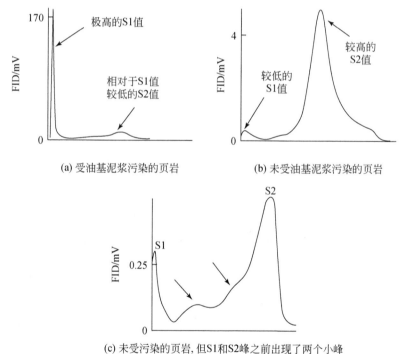

(a) 受油基泥浆污染的页岩　　(b) 未受油基泥浆污染的页岩

(c) 未受污染的页岩, 但S1和S2峰之前出现了两个小峰

图 3.2　热解 S1 和 S2 峰释放烃类差异对比图

（a）受油基泥浆污染的页岩样品的热解谱图［据 Carvajal-Ortiz 和 Gentzis（2015）修改］，S1 峰不成比例地超过了 S2 峰，产生了一个错误的信号；（b）来自印度的未受污染的页岩样品，其 S1 峰远小于 S2 峰；（c）来自印度二叠系的页岩样品，在 S1 峰和 S2 峰之间可以看到有两个小峰（图中箭头所示），这很可能是样品中有树脂体和/或沥青质体（也可能是外来烃类或污染物）所造成的

Hunt（1996）用 S1 和 TOC 交会图区分了样品中的原生和非原生烃类：当 S1/TOC>1.5 时，表明存在外部运移来的烃类或样品含有污染物；当 S1/TOC<1.5 时，反映原生或原地的烃类。同样，为了量化这些门槛值，Jarvie（2012）指出，饱和页岩生油岩的含油饱和度指数 ［OSI = (S1/TOC)×100］ 应大于 100 mg HC/g TOC，而当 OSI > 150 mg HC/g TOC 时（相当于 S1/TOC > 1.5）表明存在外部运移来的烃类或样品已被钻井液污染。

图 3.3 展示了印度拉尼根杰、切里亚（Jharia）和奥兰加巴德（Aurangābād）等三个含煤盆地二叠系页岩样品的 S1 和 TOC 相关关系（Hazra et al., 2015；Mani et al., 2015；Varma et al., 2018）。这些样品 S1/TOC 均小于 1.5（OSI<150 mg HC/g TOC），说明样品所含烃类绝大部分为原生烃类。这些样品的 OSI 最大值仅为 21.56 mg HC/g TOC，说明游离烃含量很低，大部分油气出现在 S2 峰范围内，即相较于 S1 组分，烃类更多地束缚在岩石基质或干酪根中。

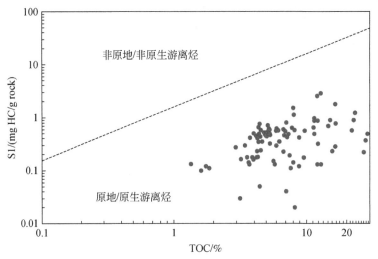

图 3.3　印度拉尼根杰、切里亚和奥兰加巴德三大含煤盆地
二叠系页岩样品的 S1 峰和 TOC 交会图

图 3.4 展示了中国准噶尔盆地（Pan et al., 2016）和三塘湖盆地（Zhang et al., 2018）二叠系芦草沟组页岩 S1 和 TOC 的交会图。在所有数据中有两个样品的 S1/TOC >1.5（OSI > 150 mg HC/g TOC），这说明钻井泥浆可能对这两个样品造成了污染，导致了 S1 峰的异常。通过检查 Rock-Eval S1 峰和 S2 峰的曲线形态有时可以帮助解释人员确定 S1 峰是否受到了来自非原生（原地）烃类的干扰。

针对页岩含油气系统的资源评价，IFP 开发了一种名为"页岩法"（shale play）的热解技术。该技术是对已有 Rock-Eval 标准升温方法的扩展（Pillot et al., 2014a；Romero-Sarmiento et al., 2016）。这一方法着重对 S1 峰下的组分开展了更加详细的分析，能更加简便地区分非原生（原地）烃类，尤其是油基泥浆污染物。该热解升温程序的起始温度为 100℃，此后以 25℃/min 的升温速率升温至 200℃，并在 200℃保持 3 min（一个临时温度高地）。FID 可以探测并记录该阶段释放的烃类，并将其分配到 Sh0 峰。该峰由样品中最轻的、最易挥发的烃类化合物组成，从 100℃ 开始至临时温度高地结束。此后，以 25℃/min的升温速率升温至 350℃并在此保持恒温 3 min（又一个临时温度高地）。该阶段

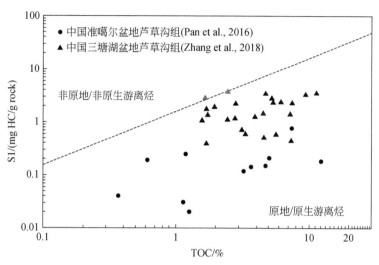

图 3.4　中国准噶尔盆地和三塘湖盆地二叠系芦草沟组页岩 S1 峰和 TOC 交会图

需要注意的是，尽管大部分样品 Rock-Eval S1 峰下释放的烃类都很好地落在了原地（原生）烃类的范围内，但有两个样品落在了 S1/TOC = 1.5 的趋势线上，说明可能存在外部运移来的烃类或是样品已被钻井的油基泥浆污染

释放的烃类被分配到 Sh1 峰，代表那些较重、不易挥发的较高分子量烃类。

从 350℃开始，反应温度以 25℃/min 的升温速率升温至 650℃（即标准的 S2 峰升温程序）。该阶段生成残余的热解烃，构成 S2 峰。在"页岩法"中，样品中的游离烃被定义为含烃量指数（HCcont），即 Sh0 峰和 Sh1 峰对应的化合物之和（mg HC/g rock）。相较于传统的基础-全岩法所提供的 S1 峰，"页岩法"对游离烃的表征更为详细。基于该实验方法，Romero-Sarmiento 等（2016）进一步介绍了在不使用有机溶剂对样品进行清洗的情况下，如何从被污染样品的 S2 峰获得更一致的 T_{max} 值。这些前人的研究成果表明，在利用"页岩法"将样品升温至 350℃的过程中，可以更加充分地将样品中所有的游离烃分离出来，并将其分配到 Sh0 峰和 Sh1 峰。

3.2.2　岩石热解 S2 峰、FID 信号和氢指数

1. S2 峰

在岩石热解的 S2 峰升温区间（300～650℃）所释放的烃类为我们提供了富有机质岩石中剩余生烃潜力的重要信息。对 S2 谱图更精细的分析有助于预测各类不同参数。图 3.5 展示了 IFP160000 页岩标样（合成物）的 Rock-Eval S2 热解谱图。它代表了一个未成熟页岩 [T_{max} 为（416±2）℃]，氢指数（HI）约为 380 mg HC/g TOC，表现出 Ⅱ 型干酪根的特征。当进样量为 69.47 mg 时，该标样的 FID 信号强度、S2 和 HI 分别为 29.16 mV、12.01 mg HC/g rock 和 376 mg HC/g TOC。该 S2 热解谱图表现出一个和 Ⅱ 型干酪根有关的紧凑的高斯分布特征。图 3.6 展示了挪威 JR-1 地球化学页岩标样（Ⅰ 型干酪根）的 S2 热解谱图，表现出更加紧凑的高斯分布形态。当进样量为 10.48 mg 时，JR-1 标样的 FID 信号强

度 >35 mV，说明样品中的干酪根具有很强的生烃能力。

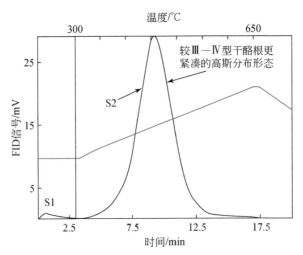

图 3.5　当进样量为 69.47 mg 时，IFP160000 页岩标样（Ⅱ型干酪根）的岩石热解 S2 谱图
FID 信号强度为 29.16 mV。需要注意的是，与含Ⅲ—Ⅳ型有机质页岩 S2 热解谱峰值相比（见图 3.7），该 S2 峰
具有相对更加紧凑的高斯分布形态。红线代表了在 25℃/min 升温速率下的 FID 温度曲线

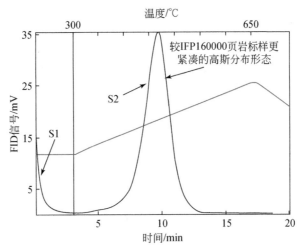

图 3.6　当进样量为 10.48 mg 时，挪威 JR-1 地球化学页岩标样的岩石热解 S2 谱图
FID 信号强度>35 mV。需要注意的是，该 S2 峰表现出相对较窄的高斯分布形态，较 IFP160000 页岩标样（Ⅱ型干酪
根）的 S2 峰形更为紧凑，与含Ⅲ-Ⅳ型有机质岩石的 S2 峰形态恰好相反（见图 3.7）。红线代表了在 25℃/min 升温速
率下的 FID 温度曲线

　　对于含Ⅲ-Ⅴ型干酪根的页岩而言，其 Rock-Eval S2 峰谱图具有一些不同的特点，最典型的就是在其右侧有一个明显的拖尾，即一个向着热解 S2 升温循环结束方向延伸的分支。图 3.7 展示了印度切里亚盆地二叠系两个含Ⅲ型干酪根页岩样品的 S2 热解谱图。该图很好地反映了含Ⅲ-Ⅴ型干酪根页岩样品 S2 峰的拖尾效应，相应 S2 曲线的形态既有可能是紧凑型[图 3.7（a）]也有可能是开放型［图 3.7（b）］。通常情况下，由于升温循环的中断，S2 的衰减分支（右侧）会达到 FID 热解谱图的基线。然而，在图 3.7 的两个样

品中都可以明显地看到在 S2 升温循环中，在温度达到该循环设定的温度上限（650℃）之前，生成的油气并未被全部释放，即 S2 的衰减分支并未达到 FID 热解谱图的基线。Rock-Eval 6 将热解温度的上限提高至 800℃，其中一个主要的原因就是便于在 S2 升温过程中将Ⅲ型干酪根彻底加热分解（Lafargue et al., 1998）。通过对图 3.7 中两类样品 S2 峰热解谱图的比较还可以发现成熟度对含Ⅲ-Ⅳ型干酪根样品生烃能力的影响。由于样品 A 的成熟度偏低，其 S2 峰右侧拖尾现象在较低的温度出现 [图 3.7 (a)]，相反，由于样品 B 处于过成熟阶段，其 S2 峰右侧拖尾现象明显出现在更高的热解温度 [图 3.7 (b)]。综上所述，具有右侧拖尾现象的 S2 热解曲线可以作为反映样品中含有Ⅲ型干酪根的间接指标。

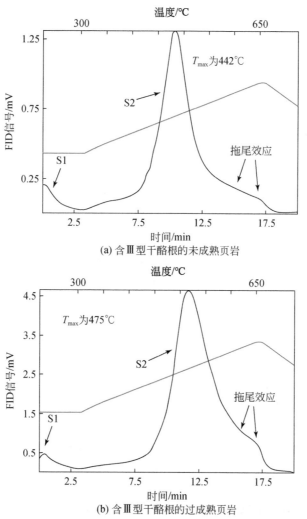

图 3.7　来自印度切里亚盆地下二叠统巴拉卡组两个页岩样品的 Rock-Eval S2 热解谱图

两个样品 Rock-Eval S2 的 FID 信号都要比 JR-1 和 IFP160000 标样低得多。样品 A 的 T_{max}、HI 和 TOC 分别为 442℃、88 mg HC/g TOC 和 2.97%，样品 B 的上述三个参数分别为 475℃、78 mg HC/g TOC 和 22.78%。两个样品 S2 热解谱峰在其衰减区间（右肩）表现出拖尾效应（图中箭头所示），这是含Ⅲ-Ⅳ型干酪根样品的典型特征。有机岩石学研究表明：A 样品中镜质组、惰质组和壳质组（不含藻类体）的含量分别为 54%、44% 和 2%，样品 B 上述组分相对含量分别为 54.5%、40.8% 和 4.7%。红线代表了在 25℃/min 升温速率下的 FID 温度曲线

Ⅰ型、Ⅱ型和Ⅲ型干酪根热解谱图形态的差别（至少在一定程度上）是由它们各自特定的化学结构所决定的。壳质组显微组分主要由长链和支链较少的脂肪族化合物组成，导致其热稳定性较差。通常，在三类主要有机显微组分中，壳质组的脂肪链最长，生烃能力也最强。相反，惰质组生烃能力最弱，芳烃化合物含量最高。镜质组的特征往往介于壳质组和惰质组之间（Chen et al.，2012）。对于壳质组而言，其脂肪族化合物的含量也有一定的变化。通常，藻类体显微组分（Ⅰ型）中脂肪族结构相对更为丰富，而芳香族结构则相对更少，其次是树脂体、角质体和孢子体显微组分（Ⅱ型），即从藻类体至孢子体，脂肪族化合物相对于芳香族化合物的比例逐渐降低（Guo and Bustin，1998）。这一不稳定的性质使Ⅰ型和Ⅱ型干酪根可以在更低的热解温度下发生分解。相反，Ⅲ～Ⅳ型干酪根中显著富集芳香族结构，而贫脂肪族结构，故其需要更高的热解温度才能彻底分解。

2. 氢指数

我们将 S2 和 TOC 的比值定义为氢指数（HI，单位为 mg HC/g TOC），它可以用来区分页岩和煤中不同的干酪根类型（Lafargue et al.，1998）。Ⅰ型和Ⅱ型干酪根的生烃潜力最高。相应地，与这两类干酪根有关的岩石，其 S2 和 HI 也是最高的。含Ⅲ型干酪根的岩石，其 S2 和 HI 要低得多，而含Ⅳ型干酪根的岩石，其 S2 和 HI 则极低。

随着成熟度的增加，烃类被不断地释放和排出，HI 相应减小。因此，在一个相当宽的成熟度区间内，许多样品的 HI 和 R_o、T_{max} 等反映成熟度的参数呈负相关关系。图 3.8 展示了在 HI 和 T_{max} 交会图中 63 个来自印度拉尼根杰（Hazra et al.，2015）和切里亚（Mani et al.，2015）盆地二叠系页岩样品的分布情况。从图 3.8 中可以看出，HI 随着 T_{max} 的增加总体表现出逐渐减小的趋势，这一特点在成熟度超出主生油窗后尤为明显。

未成熟的Ⅰ型、Ⅱ型、Ⅱ/Ⅲ型、Ⅲ型和Ⅳ型干酪根的 HI 通常分别为>600 mg HC/g TOC、300～600 mg HC/g TOC、200～300 mg HC/g TOC、50～200 mg HC/g TOC 和<50 mg HC/g TOC（Peters and Cassa，1994）。当 HI 为 200～300 mg HC/g TOC 时，可能存在Ⅱ型和Ⅲ型干酪根的混合，这种情况多出现在页岩中。然而，仅仅依靠 HI 来预测干酪根类型可能会得到错误或有瑕疵的结论（Behar and Vandenbroucke，1987；Hazra et al.，2015）。例如，来自印度拉尼根杰盆地的 6 个 T_{max}>450℃的样品，它们的 HI 介于 40～101 mg HC/g TOC（表 3.2），反映出Ⅲ型和Ⅳ型干酪根的特征。然而，有机岩石学分析结果表明，样品中除Ⅲ型和Ⅳ型干酪根外，还存在Ⅱ型干酪根（Hazra et al.，2015）。表 3.2 展示了那些印度拉尼根杰盆地 T_{max}>450℃的样品分析结果。其中，样品 CG 1283～CG 1286（下二叠统巴拉卡组）包含了一些具有Ⅱ型干酪根特征的壳质组（不含藻类体），而样品的 HI 却并未反映出该特征。此外，在样品 CG 1001（上二叠统 Barren Measures 组）中，除发现Ⅱ、Ⅲ和Ⅳ型有机质外，还发现了藻类体（Ⅰ型有机质）。这些发现表明，根据岩石热解数据和现今 HI 来预测样品的干酪根类型可能会得到错误的结论。为此，人们开展了一些恢复有机质初始 HI 的尝试，并将其与岩石热解得出的现今 HI 进行比较，以期确定干酪根完成转化的比例。

表 3.2　印度拉尼根杰盆地 T_{max}>450℃页岩样品的 HI、T_{max} 和有机质类型（**Hazra et al.，2015**）

样品编号	HI/（mg HC/g TOC）	T_{max}/℃	V^{mmf}/%	I^{mmf}/%	L^{mmf}/%	A^{mmf}/%
CG 1263	85	450	58.64	41.36	0.00	0.00
CG 1001	70	455	49.62	30.83	15.37	4.18
CG 1283	66	458	57.69	36.37	5.95	0.00
CG 1284	54	461	49.38	41.36	9.27	0.00
CG 1285	40	464	68.22	29.62	2.16	0.00
CG 1286	101	456	59.70	33.83	6.47	0.00

注：V^{mmf}、I^{mmf}、L^{mmf} 和 A^{mmf} 分别代表镜质组、惰质组、壳质组（不含藻类体）和藻类体在基质中（不含矿物）的体积分数。

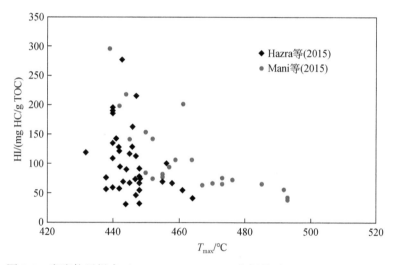

图 3.8　印度拉尼根杰（Hazra et al.，2015）和切里亚（Mani et al.，2015）
盆地页岩 HI 和 T_{max} 交会图

　　页岩的氢指数随着成熟度的增加而逐渐减小，这主要是由于烃类转化率随成熟度增加而增加，从而导致有机质中氢含量降低。但需要指出的是，有机质的干酪根类型同样对烃类转化率具有重要的影响。以一组来自拉尼根杰盆地上二叠统 Barren Measures 组处在成熟早期—生油高峰阶段（T_{max}<450℃）的页岩样品为例，Hazra 等（2015）发现尽管有机岩石学分析表明样品中出现了藻类体（Ⅰ型干酪根），但其 HI 却较低（67~277 mg HC/g TOC）（表 3.3）。通常，未成熟Ⅰ型干酪根的 HI 在所有干酪根类型中应该是最高的（>600 mg HC/g TOC）。之所以表 3.3 中样品的 HI 很低，可能是藻类体在更低的热演化阶段已经发生裂解，因此尽管样品处在成熟早期阶段，但当时干酪根的转化率已经很高，生成了大量的烃类。

表3.3　印度拉尼根杰盆地 T_{max}<450℃页岩样品的 HI、T_{max} 和有机质类型

样品编号	HI/(mg HC/g TOC)	T_{max}/℃	V^{mmf}/%	I^{mmf}/%	L^{mmf}/%	A^{mmf}/%
CG 1002	91	448	56.86	26.16	12.66	4.32
CG 1003	67	445	55.93	31.52	10.27	38.00
CG 1004	95	442	48.48	37.23	12.55	1.73
CG 1005	134	440	44.69	26.33	12.83	16.15
CG 1006	129	442	48.62	24.07	14.85	12.46
CG 1007	74	447	57.13	31.60	7.77	3.50
CG 1008	79	448	50.27	41.25	7.64	0.84
CG 1009	119	442	48.94	25.07	10.34	15.65
CG 1010	185	440	52.24	17.91	12.44	17.41
CG 1011	277	443	44.22	18.09	14.11	23.58
CG 1012	119	432	51.01	21.89	16.20	10.90

鉴于上述因素对 HI 的影响，我们建议在使用 HI（反映现今残余生烃潜力）的同时，应该使用有机岩石学等其他独立信息来进行交叉印证，这样才能更准确地评价岩石中有机质的干酪根类型。

3. FID 信号

Rock-Eval FID 探测器用于记录 S1 和 S2 温度区间内释放的烃类。Rock-Eval 6 用户指南（Vinci Technologies，2003）指出，FID 探测器探测信号的下限和上限分别为 0.1 mV 和 125 mV。

在进行岩石热解分析前，首先要检查 FID 探测器是否发出线性响应。只有在验证了 FID 信号为线性后，解释人员才能对样品进一步开展后续的 Rock-Eval 分析。在理想情况下，应使用随设备提供的 IFP 标样（IFP160000）检查 FID 响应及与 FID 有关的各类测量参数值。对不同进样量的 IFP160000 标样（已知各类参数）进行分析是交叉检验 FID 响应是否为线性的一种有效方法。

在理想情况下，使用不同进样量的标样进行分析时，FID 信号会随着样品进样量的增加而增强。Rock-Eval 6 用户指南（Vinci Technologies，2003）建议的岩石样品进样量为 50 ~ 70 mg。例如，图 3.9 展示了 IFP160000 页岩标样在 54.10 mg、57.41 mg、58.52 mg 和 69.47 mg 四种不同进样量下的热解分析结果，以检验设备是否已精确校准。图 3.9 显示的不同进样量与 FID 信号之间表现出很强的相关性（R^2=0.998），这说明 FID 信号是线性的。

当 FID 信号转换为 S2 时，不同进样量得到的 S2 结果应该基本相似，处于标样允许的变化范围，才能说明设备已精确校准。IFP160000 页岩标样模拟的是由 Ⅱ 型干酪根组成的页岩。当升温速率为 25℃/min 时，其 S2 值应为（12.43±0.50）mg HC/g rock。如果在不同进样量下获得的该标样的 S2 值差别很大，就需要对 Rock-Eval 仪器进行校准。例如，图 3.9 显示四个不同进样量的 IFP160000 页岩标样在 S2 温度区间内释放的烃类在 12.00 ~ 12.68 mg HC/g rock 之间变化（表 3.4），这处于用户指南所允许的范围，说明设备已精确校准。

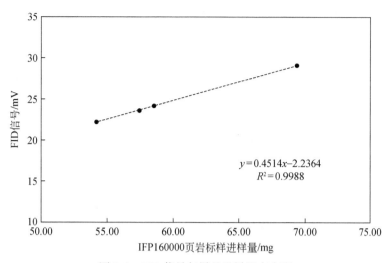

图 3.9   FID 信号与样品进样量交会图

使用 IFP160000 页岩标样的各项已知热解参数进行测试。二者之间的强正线性相关证明了 FID 的标定是有意义的。
在解释人员对未知样品进行各类烃源岩分析之前就应该开展此类设备检测，以确保设备正确运行

表 3.4   IFP160000 页岩标样在不同进样量下的 FID 信号和 S2 值

进样量/mg	S2/（mg HC/g rock）	FID 信号/mV
54.10	12.68	22.310
57.41	12.19	23.561
58.52	12.00	24.127
69.47	12.01	29.160

在精确校准的仪器上开展热解实验时，需要考虑来自样品进样量的影响。以前文提到的 JR-1 标样为例，当进样量为 5.7 mg 时，FID 信号>17 mV。考虑到 FID 信号和样品进样量呈正向线性变化，当 JR-1 进样量达到 35 mg 或更多时，S2 峰就有可能超出 FID 探测器的探测极限。

通过比较Ⅱ型干酪根（用 IFP160000 页岩标样代表）和Ⅰ型干酪根（用 JR-1 标样代表）的 FID 信号（图 3.5 和图 3.6），很明显可以发现后者的 FID 信号更强。因此，当进样量较大时，含Ⅰ型干酪根岩石的 FID 信号过饱和（超过最大探测极限）的概率更高。Carvajal-Ortiz 和 Gentzis（2015）讨论了使用 Rock-Eval 6 对含Ⅰ型干酪根页岩进行分析时潜在的 FID 信号过饱和问题，并提出了一种修正方法以获得更加可靠的数据。他们发现：当样品进样量约为 60 mg 时，美国犹他州绿河（Green river）页岩的热解 FID 信号接近 600 mV，超过了 FID 的探测极限，导致 S2 峰的热解谱图更宽；当以较少的进样量（约 5 mg）重新对样品进行分析时，S2 峰热解谱图表现出相对更窄的高斯分布特征，同时获得了低于 FID 探测极限的可靠的 FID 信号。此外，通过适当减少绿河页岩样品的进样量，Carvajal-Ortiz 和 Gentzis（2015）还发现计算得到的 TOC、S2 和 T_{max} 值都变得更加准确。该实例表明，除了通过 Rock-Eval 获得各类参数外，监测 FID 信号和 S2 峰谱图形状对于可靠的烃源岩解释同样具有极其重要的意义，尤其对于 JR-1 标样和绿河页岩等含Ⅰ型干酪根

的页岩而言。通常，为了准确地获得此类高生烃潜力（即高 HI 值）页岩-全岩样品可靠的热解数据，待分析样品的进样量应该较少，理想情况下应小于 35 mg，尽可能不要大于常用量（50 ~ 70 mg）。

同 I 型和 II 型干酪根样品所遇到的 FID 探测器信号过饱和的问题不同，在一些情况下，由于某些样品的有机质含量太低或过成熟又或生烃能力差，FID 信号可能过低以致无法被探测。这一情况同样会导致错误的分析结果。Rock-Eval 用户指南中提到 FID 信号的探测下限应设为 0.1 mV（Vinci Technologies，2003），任何低于这一数值的信号可能都无法准确地反映样品特征，以至于可能得到错误的解释结论。例如，图 3.10 展示了来自印度温迪亚（Vindhya）盆地两个元古界页岩样品的 S2 热解谱图（Dayal et al.，2014）。两个

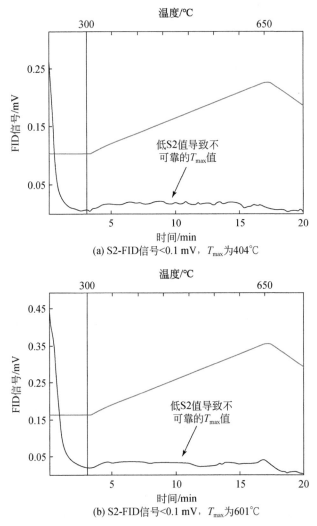

(a) S2-FID信号<0.1 mV，T_{max}为404℃

(b) S2-FID信号<0.1 mV，T_{max}为601℃

图 3.10　印度温迪亚盆地元古界同一地层两块低生烃能力和低 TOC 页岩样品的 Rock-Eval S2 热解谱图

两个样品 S2 的 FID 信号均低于 Rock-Eval 6 FID 信号的最小可靠值（0.1 mV），因此两个样品的相关热解参数都是不可靠的。例如，同样是基于 S2 峰对应的温度，在图（a）中获得的 T_{max} 值为 404℃，而图（b）中获得的 T_{max} 值则高达 601℃。红线代表了在 25℃/min 升温速率下的 FID 温度曲线

样品来自同一套地层，其中一个样品的 S2 值为 0.02 mg HC/g rock，其 T_{max} 较低，为 404℃ [图 3.10（a）]，另一个样品的 S2 值为 0.03 mg HC/g rock，其 T_{max} 则高达 601℃ [图 3.10（b）]。这两个样品（露头样品，Dayal et al.，2014）T_{max} 值截然不同的原因主要是样品的生烃量太少，导致 FID 信号强度低于 FID 的探测下限，而与烃源岩是未成熟还是过成熟无关。在这种情况下，软件在一个较宽的、定义不清的 S2 峰区间内，错误地检测出了一些峰值点。因此，此类样品的 T_{max} 值相对于其生烃潜力而言是带有误导性的。

上述美国绿河页岩和印度温迪亚盆地元古界页岩的热解实例充分说明，在根据热解谱图得出关于样品生烃能力的结论之前，必须仔细检查异常的或超出建议范围的 FID 计数。

4. 碎样尺寸对岩石热解 S2 峰的影响

Rock-Eval 6 用户指南指出样品的碎样尺寸应该在 100 μm ~ 2 mm。碎样尺寸对 Rock-Eval S2 峰的形态及其他参数的影响都很大，进而会严重影响烃源岩评价的结论。Jüntgen（1984）发现碎样尺寸会影响热解实验过程中不同的反应路径。Wagner 等（1985）指出随着碎样尺寸的增大，从颗粒中释放和逸散的挥发物数量会受到限制，相关的化学反应速率变得不那么显著。Inan 等（1998）介绍了碎样尺寸对 T_{max} 及 S1、S2 和 S3 等热解参数的影响。此外，Hazra 等（2017）在分析镜煤条带（从煤样中手工分离）时发现，随着分析样品碎样尺寸的减小，Rock-Eval 的 S1 峰和 S2 峰增大。

表 3.5 展示了 3 个不同 TOC 的页岩样品分别以 1 mm 和<212 μm 两种截然不同的碎样尺寸进行热解实验的结果。对于贫有机质页岩，S2 峰值和 S1 峰值随碎样尺寸变小而增大的情况在富有机质页岩中表现得更为明显。图 3.11 展示了印度拉尼根杰盆地拉尼根杰组同一个高 TOC 页岩样品两种碎样尺寸试样的 Rock-Eval S1 和 S2 曲线。当碎样尺寸从 1 mm 降至 212 μm 时，FID 记录的 S1 峰和 S2 峰信号都有所增强，因此获得更高的 S1、S2 及 TOC。与此不同的是，碎样尺寸对 T_{max} 基本没有影响（图 3.11）。研究还发现，相较于高 TOC 页岩，随着碎样尺寸的减小，TOC 更高的碳质页岩样品 [印度比尔布姆（Birbhum）盆地巴拉卡组] 中 S1 和 S2 峰值幅度和 TOC 的增加量更明显（图 3.12）。相反，碎样尺寸对低 TOC 页岩的 S1 和 S2 峰值幅度和 TOC 的影响不大，如印度比尔布姆盆地一个低 TOC 的凝灰质页岩样品，其两种碎样尺寸试样对应的 S1 和 S2 峰值及 TOC 十分相似(图 3.13)。

表 3.5 来自印度的碎样尺寸具有显著差别的页岩样品的 Rock-Eval 分析结果

样品类型	盆地/层位	碎样尺寸	S1 /（mg HC/g rock）	S2 /（mg HC/g rock）	T_{max} /℃	TOC/%	HI /（mg HC/g TOC）
低 TOC 页岩	比尔布姆盆地 /Intertrappean	1 mm	0.02	0.66	454	1.14	58
		< 212 μm	0.03	0.66	456	1.14	58
高 TOC 页岩	拉尼根杰盆地 /拉尼根杰	1 mm	0.24	7.42	432	6.72	110
		< 212 μm	0.34	10.68	433	9.08	118
碳质页岩	比尔布姆盆地 /巴拉卡	1 mm	0.34	19.74	434	19.22	103
		< 212 μm	0.51	30.09	434	23.82	126

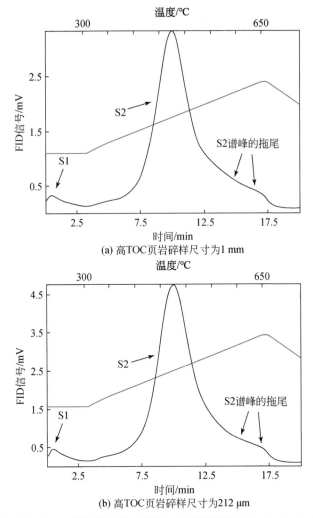

(a) 高TOC页岩碎样尺寸为1 mm

(b) 高TOC页岩碎样尺寸为212 μm

图 3.11　印度拉尼根杰盆地上二叠统拉尼根杰组同一个页岩样品（TOC= 9.08%）在两种不同碎样尺寸 (a) 1 mm 和 (b) 212 μm 下的 Rock-Eval S2 热解谱图

需要注意的是二者具有相似的 S2 峰形，但 FID 信号强度明显不同。红线代表了在25℃/min升温速率下的 FID 温度曲线

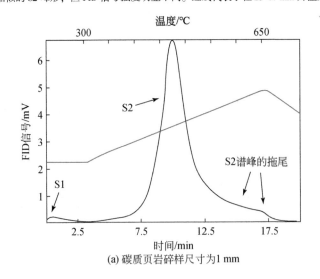

(a) 碳质页岩碎样尺寸为1 mm

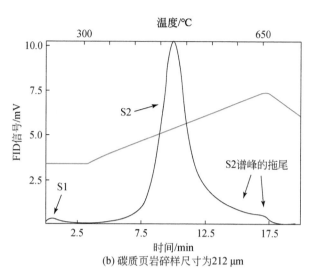

(b) 碳质页岩碎样尺寸为212 μm

图 3.12　印度比尔布姆盆地下二叠统巴拉卡组同一个碳质页岩样品（TOC 高达 23.82%）
在两种不同碎样尺寸（a）1 mm 和（b）212 μm 下的 Rock-Eval S2 热解谱图
需要注意的是二者具有相似的 S2 峰形，但 FID 信号强度明显不同。
红线代表了在 25℃/min 升温速率下的 FID 温度曲线

　　综上所述，相较于贫有机质沉积物，样品碎样尺寸对 Rock-Eval 参数的影响似乎在那些富有机质沉积物中表现得更为明显。这可能与富有机质页岩含有较高的挥发性组分有关，即当富有机质沉积物被压碎至更加细小的颗粒时，其挥发性组分更易释放。这反过来似乎又促进了有机质的热分解（化学反应）。相反，对于贫有机质沉积物而言，由于其挥发性组分的含量原本就较低，又具有较高的矿物含量，碎样尺寸的减小对它们相对更为分散的有机质影响不大。

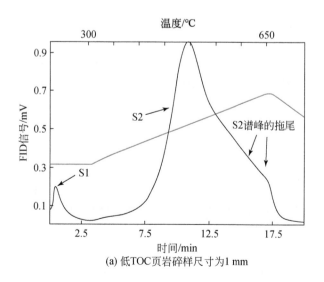

(a) 低TOC页岩碎样尺寸为1 mm

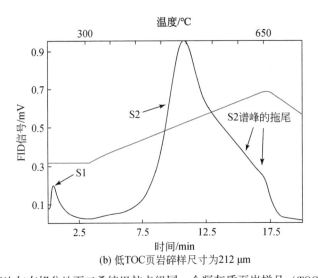

图 3.13　印度比尔布姆盆地下二叠统巴拉卡组同一个凝灰质页岩样品（TOC 仅为 1.14%）
在两种不同碎样尺寸（a）1 mm 和（b）212 μm 下的 Rock-Eval S2 热解谱图
需要注意的是二者具有相似的 S2 峰形和完全一致的 FID 信号强度。红线代表了在 25℃/min 升温速率下的 FID 温度曲线

3.2.3　岩石热解 S3 和氧指数

和氢指数（HI）一样，氧指数（OI）也是一类非常重要的岩石热解参数。在热解阶段，有机质生成 CO_2 的数量以热解 S3 曲线的形式被记录下来。S3 和 TOC 的比值定义为氧指数 [$OI=(S3/TOC)\times100$]。就热解程序而言，S3 峰代表有机质在 S1 热解温度区间和 S2 在 400℃前的热解升温区间释放的 CO_2 的总和。当热解温度超过 400℃ 以后，生成的 CO_2 主要来自碳酸盐矿物，因此将其定义为 S3′，以区分无机的可热解矿物碳。Espitalié 等（1977）通过热重分析法确定了在热解过程中生成的 CO_2 的来源，指出在热解温度低于 400℃ 时，碳酸盐矿物不会发生分解。Lafargue 等（1998）指出方解石和白云石等大部分常见的碳酸盐矿物只有在氧化阶段，温度大于 650℃ 时才会发生分解。然而，菱铁矿等碳酸盐矿物在热解阶段，温度达到 400 ~ 650℃ 时就会发生分解。图 3.14 展示了 IFP160000 页岩标样 $S3CO_2$ 和 $S3'CO_2$ 的热解谱图，反映了该页岩标样存在可热解有机 CO_2（来自有机质）和可热解无机 CO_2（来自矿物）。Rock Eval 用户指南（Vinci Technologies，2003）指出可以接受的标准 S3 值为（0.79±0.20）mg CO_2/g rock。如图 3.14 所示，IFP160000 页岩标样的 S3 为 0.65 mg CO_2/g rock。

有机质热解过程中生成的 CO_2 和 CO 主要来自其含氧官能团（Lafargue et al.，1998）。类似于 van Krevelen（1961）提出的用于鉴别干酪根类型的 H/C-O/C 交会图，Espitalié 等（1977）指出通过 HI-OI 交会图也可以获得类似信息。然而，需要特别注意的是，除干酪根类型外，OI 还会受到烃源岩中碳酸盐矿物和成熟度的影响。

Katz（1983）强调了碳酸盐矿物对岩石热解 S3 峰和 OI 潜在的巨大影响。他在方解石和白云石含量占 70% 以上且 TOC 很低的样品中发现了较高的 S3 和 OI。但是，当使用盐酸

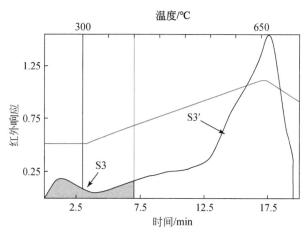

图 3.14 IFP160000 页岩标样的 S3 和 S3′热解（CO_2）谱图

在计算 OI 的过程中，只考虑了从热解开始至温度达到 400℃这一过程中释放的 CO_2（有机成因 CO_2）。通常认为当温度大于 400℃后释放的 CO_2 主要为无机成因来源（来自碳酸盐矿物），它们不应该用于 OI 或 TOC 的计算。然而，碳酸盐矿物的存在会影响 S3 的峰值和 OI 值的计算（见正文详述）。红线代表了在 25℃/min 升温速率下的 FID 温度曲线

将碳酸盐矿物从试样中剔除后再进行解热分析，结果发现 S3 和 OI 急剧降低。这是由于在未经处理的样品中，碳酸盐矿物会分解形成 CO_2，故 OI 的分布十分散乱。上述效应说明当遇到含碳酸盐矿物地层时，在使用范氏图评价烃源岩成熟度和有机质类型之前，对待 OI 的使用需倍加谨慎。

通常情况下，随着成熟度的增加，地层中有机质会更加富集碳，含氧和含氢化合物的含量则会逐渐降低。与之相对应，随着成熟度的增加，Rock-Eval 的 HI 和 OI 也会相应减小。图 3.15 展示了来自不同国家和地质时代页岩样品的 HI-OI 交会图。图 3.15 表明，地质时代年较近的沉积物（中新世和早始新世）具有较高的 OI，如来自印度和中国的地质时代较早的二叠系样品，无论 HI 大小如何，其 OI 都非常低。对于任何含干酪根的地层而言，其 HI 的大小主要取决于干酪根的类型，且随着成熟度的增加，HI 会逐渐降低。同样地，OI 也会随着成熟度的增加而降低。印度二叠系页岩样品（Hazra et al., 2015；Mani et al., 2015）通常表现出很低的 OI（大部分<10 mg CO_2/g TOC；图 3.15），其 HI 分布在 30~300 mg HC/g TOC（主要由Ⅲ型干酪根组成），成熟度从未成熟到过成熟，分布范围很宽（图 3.8）。另外，来自中国准噶尔盆地的二叠系页岩（Pan et al., 2016；Zhang et al., 2018）OI 同样极低（大部分<10 mg CO_2/g TOC；图 3.15），但 HI（大部分>300 mg HC/g TOC）高于印度的二叠系页岩。

OI 可以用来区分具有不同地质特征的样品，如区分地质时代较新和较老的样品。极低的 OI 往往和地质时代较老的富有机质地层有关，但这些地层也可能具有不同的有机质类型，这就限制了 OI 作为成熟度参数的应用。例如，Kotarba 等（2002）发现，波兰上石炭统成熟度范围较广的煤和页岩，其 OI 明显较低，且与 T_{max} 缺乏相关性。相反，同样的样品，其 O/C 原子比和成熟度似乎存在负相关性。他们认为这些异常低的 OI 可能和相对稳定的含氧基团有关，因为这些基团在较低的热解温度下不易分解。在这种情况下，一部

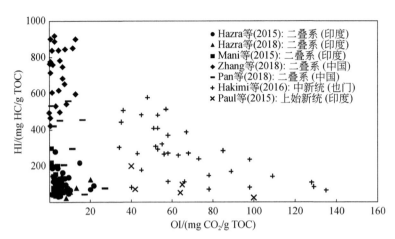

图 3.15 来自不同国家和不同地质时代页岩样品的 HI-OI 交会图
和地质时代较老的样品相比，地质时代较新的页岩具有高得多的 OI

分实际上属于 S3 峰的 CO_2 一直延迟到更高的热解温度才被释放出来，从而被错误地记录为 S3′ 峰的一部分。这种情况会导致计算得到的 TOC 略微变小并得出错误的烃源岩解释结论。对于这些 OI 较低的煤和页岩，以及它们与碳酸盐矿物的关系进行客观评价，可能会揭示出稳定含氧基团随温度变化发生裂解的一些基本特征。

3.2.4 其他岩石热解参数

产率指数（production index，PI）：为 S1 峰下释放的烃类与 S1 峰、S2 峰下释放烃类之和的比值（Peters and Cassa，1994）。和 Rock-Eval T_{max} 类似，PI 可以作为一类成熟度参数。然而，就像 S1 那样，较高的 PI 可能反映存在外来的运移烃类或污染物（Hunt，1996）。Peters（1986）发现，通常情况下：沉积物中 PI<0.1 指示未成熟阶段（PI=0.1 也是生油窗的起始值）；PI=0.4 可以作为生油窗的截止值和生凝析油-湿气阶段的起始值；PI=1 表示沉积物的生烃潜力已经耗尽。为了准确地解释 PI，应该密切监测 S1 和 S2 信号及 S1 和 S2 之间的关系（如前文所述）。如图 3.10 所示，元古界温迪亚盆地的页岩具有极低的 FID 信号和差别很大的 T_{max} 值，其 PI（>0.60）已无法正确地反映烃源岩的生烃潜力。PI-T_{max} 交会图可以帮助我们阐明烃源岩的成熟度及烃类产物的性质（运移来的还是原地的）（Hakimi et al.，2016）。

生烃潜量（potential yield，PY）或生烃潜力（genetic potential，GP）：热解 S1 和 S2 峰下释放的烃类总量定义为生烃潜量（Ghori，1998）或生烃潜力（Varma et al.，2014，2015）。这一参数可以帮助我们评价目的层的生烃能力。

3.2.5 和 S4、S5 峰相关的 CO_2，以及与之相联系的 TOC 和矿物碳

相对于 S1、S2 和 S3 峰数据，Rock-Eval S4 峰往往使用较少，尽管该峰包含了有助于

确定潜在烃源岩残余碳（residual carbon，RC）和 TOC 的信息。Lafargue 等（1998）和 Behar 等（2001）识别了 Rock-Eval S4 数据，Hazra 等（2017）进一步强调了监测 S4 峰的重要价值。如果富有机质沉积岩含有碳酸盐矿物，对应 CO_2 曲线显示的最小探测响应范围为 550～720℃（一般为 650℃），这样就可以分离出 S4 和 S5 峰。这个最小值与有机质和矿物的热解温度区间有关。CO_2 曲线分为有机 CO_2（S4CO_2；介于 300℃和 IR 最小响应温度之间）和无机 CO_2（S5；介于 IR 最小响应温度和最终热解温度之间）两类（Behar et al., 2001）。

图 3.16 展示了 IFP160000 和 JR-1 页岩标样的 S4CO_2 和 S5 氧化谱图，区分了有机和无机成因 CO_2 曲线。两个页岩标样的 S4CO_2 和 S5 曲线反映了含碳酸盐富有机质地层的典型特征。然而，对于某些地层，可能存在一些疑问，即来自有机质的 CO_2 是否在定义 S4 和 S5 峰边界的红外探测最小值以下完全释放。例如，一些 RC 含量高于 PC 含量的富有机质页岩或煤，

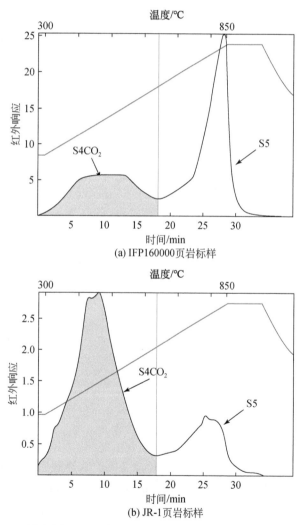

图 3.16　IFP160000 页岩标样和 JR-1 页岩标样在 Rock-Eval 氧化阶段的 S4CO_2 和 S5 氧化谱图

S4CO_2 代表了从 300℃开始到最低 IR 响应（通常发生在 550～720℃，蓝线为 650℃）之间生成的有机成因 CO_2。S5 代表了从最低 IR 响应（通常发生在 550～720℃，蓝线）开始至最终实验温度之间生成的无机成因 CO_2。红线代表了在 25℃/min 升温速率下的 FID 温度曲线

其 S4 和 S5 峰的相对大小可能会带来一些异常结果。以来自印度的含Ⅲ–Ⅳ型干酪根的煤和页岩样品为例，在一系列不同进样量下进行分析，结果发现有机质会在一个较宽的温度区间内释放 CO_2，该区间在一些情况下超出了 S4 和 S5 峰之间的边界（图 3.17）（Hazra et al.，2017）。这种情况就有可能会造成一部分有机成因 CO_2 被错误地计入 S5 峰，进而导致 TOC 的估算值偏低，HI 的估算值则偏高 [因为 HI = (S2/TOC) × 100]。

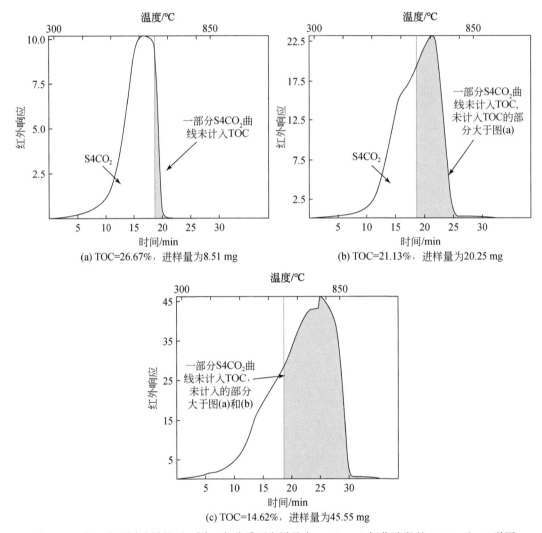

图 3.17 在三种不同进样量下，同一个碳质页岩样品在 Rock-Eval 氧化阶段的 $S4CO_2$ 和 S5 谱图

为了消除上述 S4 和 S5 峰边界的影响，通常需要控制热解实验的进样量，尤其是富有机质页岩样品。图 3.17 展示了来自印度切里亚盆地下二叠统巴拉卡组一个不含任何碳酸盐岩矿物碳质页岩样品 3 份试样（含Ⅲ型干酪根）的 $S4CO_2$ 氧化谱图，相应测试结果见表 3.6。这 3 份样品的重量分别为 8.51 mg、20.25 mg 和 45.55 mg。页岩样品的分析结果（表 3.6）表明随着样品重量的增加，计算的 TOC 降低：重量为 8.51 mg 的样品，其 TOC 和 $S4CO_2$ 分别为 26.67% 和 428.61 mg CO_2/g rock [图 3.16（a）]；重量较大的两个样品

（分别为 20.25 mg 和 45.55 mg），其 TOC 分别为 21.13% 和 14.62%，相应地，它们的 S4CO$_2$ 分别为 272.35 mg CO$_2$/g rock 和 209.79 mg CO$_2$/g rock。

表 3.6　同一碳质页岩样品在 3 种不同进样量下的 Rock-Eval 检测结果

样品类型	进样量/mg	TOC/%	RC 含量/%	S4CO$_2$ /（mg CO$_2$/g rock）	S5 /（mg CO$_2$/g rock）	氧化矿物碳含量/%
碳质页岩	8.51	26.67	25.41	428.61	139.49	3.8
	20.25	21.13	20.70	272.35	328.56	8.96
	45.55	14.62	14.25	209.79	546.89	14.92

在图 3.17 中，重量为 8.51 mg 的样品，其来源于有机质的 CO$_2$ 在温度低于 650℃ 时就几乎全部被释放，只留下很小一部分曲线超过了 650℃ 这一 S4 峰和 S5 峰之间的边界。随着样品进样量的增加，更高比例的有机成因 CO$_2$ 曲线超过了 S4 峰和 S5 峰之间的边界，并被错误地记录在 S5 峰下（图 3.17）。因此，这一部分有机成因 CO$_2$ 曲线（阴影部分）在计算 TOC 的过程中没有被计入，因为它们被分配在了 S5 峰下。相应地，S5 值和氧化矿物碳含量被错误地记录下来，并且随着样品进样量的增加而增大（表 3.6）。这就是同一样品较重的试样测得的 TOC 和 S4CO$_2$ 偏低的原因（表 3.6，图 3.17）。鉴于上述情况，Behar 等（2001）和 Vinci 科技公司（2003）建议，在对页岩或全岩进行热解分析时，应将样品的进样量控制在 50~70 mg，尤其对于富有机质沉积物，更应适当减少样品的进样量以获取可靠的分析测试结果。

图 3.17 还显示重量较轻（即较少进样量）的不含碳酸盐矿物的碳质页岩，其 S4CO$_2$ 氧化谱图只有有机成因的 CO$_2$，这不同于 Rock-Eval 记录的 IFP160000 页岩标样和 JR-1 页岩标样的 S4CO$_2$ 谱图（图 3.16）。对于含碳酸盐矿物的富有机质页岩而言，当样品进样量较大时，使用 S4 峰和 S5 峰数据区分有机和无机成因 CO$_2$ 显得更加困难。因此，当富有机质页岩含碳酸盐矿物时更应严格监测样品的 S4CO$_2$ 和 S5 氧化谱峰的大小和形状，并降低样品进样量，以提高数据的可靠性和一致性。

鉴于在一个较宽的进样量区间内获得的分析结果差别很小（Hazra et al.，2017），对那些 TOC 较低的页岩（<10%）使用 IFP 建议的进样量（50~70 mg）是合理的。以印度拉尼根杰盆地上二叠统拉尼根杰组一个含Ⅲ型干酪根的页岩样品为例（TOC 约为 9%），随着进样量的增加，其 S4CO$_2$、S5、RC、TOC 和氧化矿物碳的变化并不显著（图 3.18）：当进样量为 15.58 mg 时，测得样品的 TOC 为 9.08%；当进样量为 59.69 mg 时，测得样品的 TOC 为 8.95%。和图 3.17 中所展示的碳质页岩样品相似，该页岩样品也不含任何碳酸盐矿物（图 3.18）。

岩石热解 S5 峰值和计算得到的矿物碳（MinC）等参数也很重要，因为它们有助于确定样品中碳酸盐矿物的含量。Behar 等（2001）发现岩石热解 MinC 参数和酸量滴定法及脱二氧化碳法测定的 CO$_2$ 散失量之间具有很强的正相关性。Jiang 等（2017）将加拿大不同地质时代页岩样品的 X 射线衍射（X-Ray diffraction，XRD）矿物学数据和 MinC 进行了比较，发现 MinC 和基于 XRD 的碳酸盐矿物含量之间存在着很强的正相关性。这些分析表明，MinC 可以作为反映页岩中碳酸盐矿物含量的一个可靠参数。基于这样的认识，Pillot

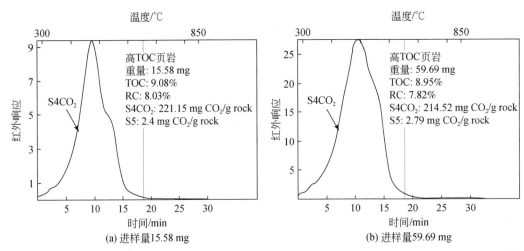

图 3.18 两种不同进样量下，同一个来自印度二叠系页岩样品在 Rock-Eval 氧化阶段的 S4CO₂ 和 S5 谱图

等（2014b）使用 Rock-Eval 6 设备，根据不同的分解温度，识别了碳酸盐矿物的类型并确定了各自含量。利用纯碳酸盐矿物和它们的混合物，Pillot 等（2014b）发现随着温度的升高，含铜碳酸盐矿物率先分解，此后依次为含铁、含镁、含锰和含钙碳酸盐矿物。在研究受火成岩侵入影响的富有机质岩石及其毗邻地层时，对碳酸盐岩矿物的识别尤为重要，因为许多碳酸盐岩矿物是次生成因的，它们是由岩浆和有机质相互作用生成 CO_2 和 CO 之后再沉淀形成的（Singh et al.，2007，2008）。然而，不同类型碳酸盐矿物的分解温度通常相互重叠，这导致要将其彼此区分开变得极其困难。

参 考 文 献

Behar F，Vandenbroucke M（1987）Chemical modelling of kerogens. Org Geochem 11：15-24

Behar F，Kressmann S，Rudkiewicz JL，Vandenbroucke M（1992）Experimental simulation in a confined system and kinetic modelling of kerogen and oil cracking. Org Geochem 19：173-189

Behar F，Beaumont V，De B. Penteado HL（2001）Rock-Eval 6 technology：performances and developments. Oil Gas Sci Technol Rev Inst Fr Pet Energy Nouv 56：111-134

Carvajal-Ortiz H，Gentzis T（2015）Critical considerations when assessing hydrocarbon plays using Rock-Eval pyrolysis and organic petrology data：data quality revisited. Int J Coal Geol 152：113-122

Chen Y，Mastalerz M，Schimmelmann A（2012）Characterization of chemical functional groups in macerals across different coal ranks via micro-FTIR spectroscopy. Int J Coal Geol 104：22-33

Dayal AM，Mani D，Madhavi T，Kavitha S，Kalpana MS，Patil DJ，Sharma M（2014）Organic geochemistry of the Vindhyan sediments：implications for hydrocarbons. J Asian Earth Sci 91：329-338

Dembicki H Jr（2017）Practical petroleum geochemistry for exploration and production. Elsevier，342p. ISBN：9780128033500

Di Giovanni C，Disnar JR，BichetV，Campy M，Guillet B（1998）Geochemical characterization of soil organic matter and variability of a postglacial detrital organic supply（Chaillexon Lake，France）. Earth Surf Proc Land 23：1057-1069

Disnar JR，Guillet B，Keravis D，Di Giovanni C，Sebag D（2003）Soil organic matter（SOM）characterization by Rock-Eval pyrolysis: scope and limitations. Org Geochem 34: 327-343

Espitalié J, Bordenave ML (1993) Rock-Eval pyrolysis. In: Bordenave ML (ed) Applied petroleum geochemistry. Editions Technip, Paris, pp 237-261

Espitalié J, Laporte JL, Madec M, Marquis F, Leplat P, Pauletand J, Boutefeu A (1977) Methoderapide de caracterisation des roches meres, de leur potential petrolier et de leu degred'evolution. Inst Fr Pét 32: 23-42

Espitalié J, Deroo G, Marquis F (1985) La pyrolyse Rock-Eval et ses applications. Première partie. Rev Inst Fr Pét 40: 73-89

Espitalié J, Deroo G, Marquis F (1986) La pyrolyse Rock-Eval et ses applications. Troisièmepartie. Inst Fr Pét 41: 73-89

Ghori KAR (1998) Petroleum source-rock potential and thermal history of the Officer Basin, Western Australia: Western Australia Geological Survey, Record 1998/3, 52p

Guo YT, Bustin RM (1998) Micro-FTIR spectroscopy of liptinite macerals in coal. Int J Coal Geol 36: 259-275

Hakimi MH, Ahmed AF, Abdullah WH (2016) Organic geochemical and petrographic characteristics of the Miocene Salif organic-rich shales in the Tihama Basin, Red Sea of Yemen: implications for paleoenvironmental conditions and oil-generation potential. Int J Coal Geol 154-155: 193-204

Hazra B, Varma AK, Bandopadhyay AK, Mendhe VA, Singh BD, Saxena VK, Samad SK, Mishra DK (2015) Petrographic insights of organic matter conversion of Raniganj basin shales, India. Int J Coal Geol 150-151: 193-209

Hazra B, Dutta S, Kumar S (2017) TOC calculation of organic matter rich sediments using Rock-Eval pyrolysis: critical consideration and insights. Int J Coal Geol 169: 106-115

Hazra B, Wood DA, Kumar S, Saha S, Dutta S, Kumari P, Singh AK (2018) Fractal disposition and porosity characterization of lower Permian Raniganj Basin Shales, India. J Nat Gas Sci Eng 59: 452-465

Hunt JM (1996) Petroleum geochemistry and geology, 2nd edn. W. H. Freeman and Company, New York, p 743

Inan S, Yalçin MN, Mann U (1998) Expulsion of oil from petroleum source rocks: inferences from pyrolysis of samples of unconventional grain size. Org Geochem 29 (1): 45-61

Jarvie DM (2012) Shale resource systems for oil and gas: part 1—shale-gas resource systems. In: Breyer JA (ed), Shale reservoirs—giant resources for the 21st Century. AAPG Memoir 97, pp 69-87

Jiang C, Chen Z, Lavoie D, Percival JB, Kabanov P (2017) Mineral carbon MinC (%) from Rock-Eval analysis as a reliable and cost-effective measurement of carbonate contents in shale source and reservoir rocks. Mar Petrol Geol 83: 184-194

Jüntgen H (1984) Review of the kinetics of pyrolysis and hydropyrolysis in relation to the chemical constitution of coal. Fuel 63: 731-737

Katz BJ (1983) Limitations of "Rock-Eval" pyrolysis for typing organic matter. Org Geochem 4: 195-199

Kotarba M, Clayton J, Rice D, Wagner M (2002) Assessment of hydrocarbon source rock potential of Polish bituminous coals and carbonaceous shales. Chem Geol 184: 11-35

Lafargue E, Espitalié J, Marquis F, Pillot D (1998) Rock-Eval 6 applications in hydrocarbon exploration, production, and soil contamination studies. Inst Fr Pét 53: 421-437

Mani D, Patil DJ, Dayal AM, Prasad BN (2015) Thermal maturity, source rock potential and kinetics of hydrocarbon generation in Permian shales from the Damodar Valley basin, Eastern India. Mar Pet Geol 66: 1056-1072

Pan S, Horsfield B, Zou C, Yang Z (2016) Upper Permian Junggar and Upper Triassic Ordos lacustrine source rocks in Northwest and Central China: organic geochemistry, petroleum potential and predicted organofacies. Int

J Coal Geol 158: 90-106

Paul S, Sharma J, Singh BD, Saraswati PK, Dutta S (2015) Early Eocene equatorial vegetation and depositional environment: biomarker and palynological evidences from a lignite-bearing sequence of Cambay Basin, western India. Int J Coal Geol 149: 77-92

Peters KE (1986) Guidelines for evaluating petroleum source rock using programmed pyrolysis. AAPG Bull 70: 318-386

Peters KE, Cassa MR (1994) Applied source rock geochemistry. In: Magoon LB, Dow WG (eds) The petroleum system—from source to trap, AAPG Memoir, vol 60, pp 93-120

Pillot D, Letort G, Romero-Sarmiento MF, Lamoureaux-Var V, Beaumont V, Garcia B (2014a) Procédé pour l'évaluation d'au moins une caractéristique pétrolière d'un échantillon de roche. Patent 14/55. 009

Pillot D, Deville E, Prinzhofer A (2014b) Identification and quantification of carbonate species using Rock-Eval pyrolysis. Oil Gas Sci Technol Rev IFP 69 (2): 341-349

Romero-Sarmiento M-F, Pillot D, Letort G, Lamoureux-Var V, Beaumont V, Huc A-Y, Garcia B (2016) New Rock-Eval method for characterization of unconventional shale resource systems. Oil Gas Sci Technol 71: 37

Saenger A, Cecillon L, Sebag D, Brun JJ (2013) Soil organic carbon quantity, chemistry and thermal stability in a mountainous landscape: a Rock-Eval pyrolysis survey. Org Geochem 54: 101-114

Sebag D, Disnar JR, Guillet B, Di Giovanni C, Verrecchia EP, Durand A (2006) Monitoring organic matter dynamics in soil profiles by 'Rock-Eval pyrolysis': bulk characterization and quantification of degradation. Eur J Soil Sci 57: 344-355

Singh AK, Singh MP, Sharma M, Srivastava SK (2007) Microstructures and microtextures of natural cokes: a case study of heat-altered coking coals from the Jharia Coalfield, India. Int J Coal Geol 71: 153-175

Singh AK, Singh MP, Sharma M (2008) Genesis of natural cokes: Some Indian examples. Int J Coal Geol 75: 40-48

Sykes R, Snowdon LR (2002) Guidelines for assessing the petroleum potential of coaly source rocks using Rock-Eval pyrolysis. Org Geochem 33: 1441-1455

van Krevelen DW (1961) Coal: typology—chemistry—physics—constitution, 1st edn. Elsevier, Amsterdam, p 514

Varma AK, Hazra B, Samad SK, Panda S, Mendhe VA (2014) Methane sorption dynamics and hydrocarbon generation of shale samples from West Bokaro and Raniganj basins, India. J Nat Gas Sci Eng 21: 1138-1147

Varma AK, Hazra B, Chinara I, Mendhe VA, Dayal AM (2015) Assessment of organic richness and hydrocarbon generation potential of Raniganj basin shales, West Bengal, India. Mar Pet Geol 59: 480-490

Varma AK, Mishra DK, Samad SK, Prasad AK, Panigrahi DC, Mendhe VA, Singh BD (2018) Geochemical and organo-petrographic characterization for hydrocarbon generation from Barakar Formation in Auranga Basin, India. Int J Coal Geol 186: 97-114

Vinci Technologies (2003) Rock-Eval 6 operator manual. Vinci Technologies, France

Wagner R, Wanzl W, van Heek KH (1985) Influence of transport effects on pyrolysis reaction of coal at high heating rates. Fuel 64: 571-573

Wood DA, Hazra B (2018) Pyrolysis S2 – peak characteristics of Raniganj shales (India) reflect complex combinations of kerogen kinetics and other processes related to different levels of thermal maturity. Adv Geo-Energy Res 2 (4): 343-368

Zhang S, Liu C, Liang H, Wang J, Bai J, Yang M, Liu G, Huang H, Guan Y (2018) Paleoenvironmental conditions, organic matter accumulation, and unconventional hydrocarbon potential for the Permian Lucaogou Formation organic-rich rocks in Santanghu Basin, NW China. Int J Coal Geol 185: 44-60

第4章　页岩基质的烃类滞留效应

在像 Rock-Eval 技术这样的任何一种开放体系下的无水程序化热解实验中，岩石矿物基质的成分可能对实验结果造成显著的影响。几项早期研究（Horsfield and Douglas，1980；Espitalié et al.，1980）探讨了岩石矿物基质对岩石热解 S2 峰值的主要影响。在本质上，岩石矿物基质对烃类流体的滞留会改变 S2 峰的形态，具体如何影响取决于烃源岩基质的矿物组分和结构特征。Katz（1983）从美国绿河页岩中分离出Ⅰ型干酪根，并分别将其与方解石和富含钙质的蒙脱石（黏土矿物）混合。随后，他在岩石热解分析过程中发现，相对于黏土基质，以碳酸盐矿物为基质的样品生成和释放的烃类数量更多。此外，在一系列含有相似干酪根化合物的样品中，随着 TOC 的增加，HI 相应增加。这表明随着干酪根含量的增加，岩石释放和排出烃类流体的能力相应增加，这或因有机质的生、排烃量远远超过了岩石基质滞留烃类的能力。

在大部分情况下，页岩中的黏土矿物是干酪根在热成熟过程中所释放烃类流体的滞留区域，黏土基质对热解烃类流体的释放及后续的运移起到延缓或阻滞的作用。Espitalié 等（1980）分析了不同比例的油页岩矿物和干酪根的混合物，指出在岩石热解过程中烃类流体的滞留绝大部分是由黏土矿物造成的，以伊利石的作用最大。不同黏土矿物滞留烃类的能力取决于各自不同的微孔隙和孔径分布特征（Ross and Bustin，2009；Ji et al.，2012）。岩石基质的烃类滞留效应还会造成热解 T_{max} 失真（通常是增加），并导致得出错误的或具有误导性的烃源岩评价结果（Espitalié et al.，1984；Peters，1986）。

因为地层的有机相同样可能对 S2 和 TOC 的相关性造成显著的影响，所以在考虑基质中烃类滞留效应的同时，考虑有机相的影响是十分重要的（Hazra et al.，2018a）。相较于Ⅲ型和Ⅳ型干酪根，Ⅰ型和Ⅱ型干酪根生成烃类的数量要多得多，这一特征会影响岩石热解的估算结果（2.2 节中已做详述）。即便是在有机质含量较低的情况下，岩石中Ⅰ型和Ⅱ型干酪根生成的烃类流体也往往会使岩石基质达到饱和，这种情况下烃类滞留效应对热解曲线形态的影响很小（Katz，1983）。相反，对于Ⅲ型干酪根而言，由于其氢含量较低，生成的热解产物数量也较少，即便是有机质含量较高，生成的烃类也可能无法使岩石基质达到饱和。在这种情况下，基质对烃类的滞留效应在热解曲线上的反映就更为明显（Katz，1983）。

除滞留烃类流体以外，矿物基质还会对烃源岩的动力学参数产生影响（Dembicki，1992）。Dembicki（1992）将来自英国多塞特郡的钦莫利阶（侏罗系）黑色页岩的干酪根抽提物和不同矿物以不同比例进行混合，发现黏土矿物和非黏土矿物会对烃源岩的动力学参数产生截然不同的影响。当干酪根与非黏土矿物混合物的 TOC 较低时，相较于 100% 被分离的干酪根岩石热解结果，非黏土矿物（如方解石、白云石和石英）对一些 S2 峰下释放的烃类流体有滞留效应，会导致样品的活化能分布偏高。当干酪根与非黏土矿物混合物的 TOC 增加时，因非黏土矿物的烃类滞留效应几乎可以忽略，致使样品的活化能分布接近 100% 分离的干酪根。相反，当蒙脱石、高岭石等黏土矿物和干酪根混合时，在较低的 TOC 水平下，样品的活化能分布要低于 100% 分离的干酪根，这反映了这些黏土矿物在烃类流体生成过程中所起的催化效应。随着混合物 TOC 的增加，含蒙脱石混合物的活化能分布接近 100% 分离的干酪根，反映了催化剂失活。相反，对于含高岭石的混合物而言，随着 TOC 的增加，活化能保持恒定（即活化能分布始终低于 100% 分离的干酪根），说明在生烃过程中催化剂保持了活性。

在理想情况下，对岩石热解数据进行分析时，S2 和 TOC 之间应保持一条线性回归曲线，并且可以通过该曲线计算得到 HI（Langford and Blanc-Valleron，1990）。最优拟合曲线通常应该穿过原点，除非基质的烃类滞留效应影响了热解分析结果。在这种情况下，最优拟合曲线就会和 TOC 轴相交，而非穿过原点（Peters，1986；Espitalié et al.，1980；Langford and Blanc-Valleron，1990）。例如，图 4.1 展示了印度拉尼根杰和奥兰加巴德两个盆地 101 个页岩样品的 S2 和 TOC 交会图（Hazra et al.，2018b；Mendhe et al.，2018a，2018b；Varma et al.，2018）。这些样品主要由 III–IV 型干酪根组成，部分样品混合有 II 型干酪根。这些页岩样品的最优拟合曲线与 TOC 轴在 2.39% 的位置相交，这表明对于该套二叠系页岩而言，TOC 至少需要达到 2.39%，烃类流体才能从岩石中排出。Langford 和 Blanc-Valleron（1990）认为，在这种情况下，最优拟合曲线在 S2 轴上的负截距可以提供更多有用的信息。与 TOC 相比，S2 轴上的负截距对有机质性质的依赖性较小，因此，可视其为矿物基质效应的近似校正。在图 4.1 中，最优拟合曲线在 −4.231 处与 S2 轴相交，这表明 1 g 页岩可吸附的 Rock-Eval S2 峰下释放的烃类数量为 4.231 mg。

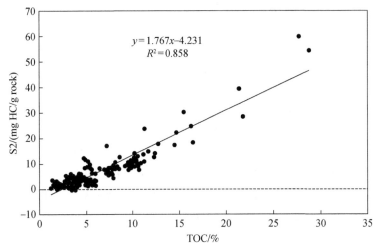

图 4.1　印度二叠系页岩 S2-TOC 交会图

数据来自 Hazra 等（2018b）；Mendhe 等（2018a，2018b）；Varma 等（2018）

来自中国三塘湖盆地二叠系含 I 型干酪根页岩样品的 S2-TOC 交会图展示了另一种不同的基质滞留效应（Zhang et al.，2018）。这些样品的最优拟合曲线在 TOC 轴的截距要小得多，而在 S2 轴的截距则显著偏负（图 4.2）。这些来自三塘湖盆地的样品的最优拟合曲线在 TOC 轴的截距为 0.859%（低于图 4.1 中的印度二叠系页岩），在 S2 轴的截距为 −8.21（比图 4.1 中的印度二叠系页岩的偏移量大得多）。上述结果表明，对于三塘湖盆地二叠系页岩而言，尽管烃类的滞留效应十分明显，但由于其 HI 较高（421 ~ 918 mg HC/g TOC）且含有生烃能力很强的 I 型干酪根，烃类滞留效应被轻而易举地克服了，导致最优拟合曲线在 TOC 轴的截距较小。相反，印度二叠系页岩主要由 III–IV 型干酪根组成，其生烃能力较低，因此其最优拟合曲线在 TOC 轴的截距较大。

　　Hazra 等（2018a）将印度含 III–IV 型干酪根的二叠系页岩的 S2-TOC 相关关系与土耳其纳勒汉（Nallıhan）地区含 I–II 型干酪根的古新统—始新统 Çamalan 页岩（Sari et al.，2015）进行比较，也发现了类似的结果。尽管这两套页岩的最优拟合曲线在 S2 轴的负截距较为相似，但含 I–II 型干酪根的古新统—始新统页岩的最优拟合在 TOC 轴的截距比含 III–IV 型干酪根的二叠系页岩要小得多。这一差别和图 4.1 和图 4.2 展示的情况相似。这一现象被归因于土耳其和中国高生烃潜力页岩中惰质组有机显微组分含量较低（或几乎不含惰质组）。在世界上其他许多地区的 I–II 型干酪根页岩中也发现了与上述情况类似的 TOC 轴截距较低的案例（图 4.3）。

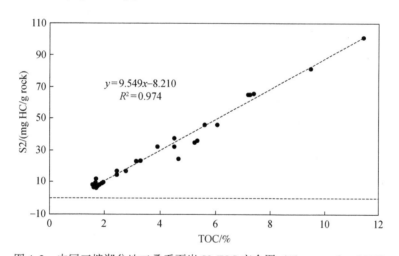

图 4.2　中国三塘湖盆地二叠系页岩 S2-TOC 交会图（Zhang et al.，2018）

　　页岩中出现惰性有机质或 IV 型干酪根可能会对岩石 S2 和 TOC 的相关性造成很大的影响（Cornford，1994；Cornford et al.，1998；Dahl et al.，2004）。鉴于 IV 型干酪根通常无生烃能力（即便有也非常低），当一些样品中 IV 型干酪根含量较高时，就可能会影响到最优拟合曲线在 TOC 轴的截距。因此，当解释人员选择用 S2 和 TOC 的相关关系对含有混合型干酪根的样品进行烃源岩基质滞留效应校正时，首先要校正惰性有机质的影响，因为在理想情况下，对最优拟合曲线的校正最好只包括活性 TOC。为达到这一目的，有必要在一开始就扣除惰性 TOC 组分，以获得只含有活性 TOC 的结果。去除惰性 TOC 会导致最优拟合曲线在 TOC 轴的截距减小，同时获得一个较小的 S2 轴负截距值，这样的基质滞留效应校正就变得更有意义（Hazra et al.，2018a）。

　　利用光学显微镜技术，解释人员可以轻而易举地确定惰性和活性有机质的体积百分

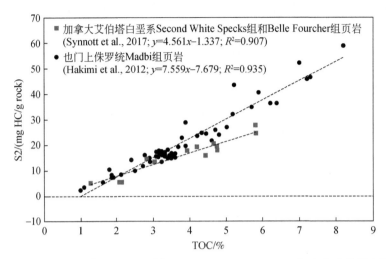

图 4.3　也门上侏罗统 Madbi 组页岩（Hakimi et al., 2012）、加拿大艾伯塔白垩系 Second White Specks 组和 Belle Fourcher 组页岩（Synnott et al., 2017）S2-TOC 交会图

数。在此基础上，确保只有活性 TOC 用于拟合 S2-TOC 曲线（Hazra et al., 2018a），这就是所谓的基质滞留效应校正。在前人研究的基础上，Hazra 等（2018a）将惰质组含量超过 70% 的样品定义为无活性，运用这个阈值及有机质和 TOC 的相对比例，他们计算了一组来自印度的二叠系页岩的活性 TOC。初始未校正的二叠系页岩（即含惰性 TOC）其相关曲线在 S2 轴和 TOC 轴的截距较大，而经惰质组分校正后的页岩截距较小。校正后的截距更能够代表在页岩基质中实际滞留的烃类流体。利用这组数据的 S2 轴截距及活性 TOC 含量，就可以获得滞留效应校正后的 HI。一般来说，为了获得滞留效应校正后的准确 HI，他们建议仅使用那些 TOC 在特定范围内且干酪根类型单一的样品来建立 S2-TOC 曲线。这可能意味着需要建立多条 S2-TOC 曲线，以区分具有不同干酪根类型的样品亚类。

参 考 文 献

Cornford C（1994）The Mandal-Ekofisk（!）Petroleum system in the Central Graben of the North Sea. In：Magoon LB, Dow WG（eds）From source to trap. AAPG Memoir 60, Tulsa, pp 537-571

Cornford C, Gardner P, Burgess C（1998）Geochemical truths in large data sets I：geochemical screening data. Org Geochem 29：519-530

Dahl B, Bojesen-Koefoed J, Holm A, Justwan H, Rasmussen E, Thomsen E（2004）A new approach to interpreting Rock-Eval S2 and TOC data for kerogen quality assessment. Org Geochem 35：1461-1477

Dembicki H Jr（1992）The effects of the mineral matrix on the determination of kinetic parameters using modified Rock Eval pyrolysis. Org Geochem 18：531-539

Espitalié J, Madec M, Tissot B（1980）Role of mineral matrix in kerogen pyrolysis：influence on petroleum generation and migration. AAPG Bull 4（1）：59-66

Espitalié J, Makadi KS, Trichet J（1984）Role of the mineral matrix during kerogen pyrolysis. Org Geochem 6：365-382

Hakimi MH, Abdullah WH, Shalaby MR（2012）Geochemical and petrographic characterization of organic matter in the Upper Jurassic Madbi shale succession (Masila Basin, Yemen): Origin, type and preservation. Org Geochem 49: 18-29

Hazra B, Wood DA, Varma AK, Sarkar BC, Tiwari B, Singh AK (2018a) Insights into the effects of matrix retention and inert carbon on the petroleum generation potential of Indian Gondwana shales. Mar Pet Geol 91: 125-138

Hazra B, Wood DA, Kumar S, Saha S, Dutta S, Kumari P, Singh AK (2018b) Fractal disposition and porosity characterization of lower Permian Raniganj basin shales, India. J Nat Gas Sci Eng 59: 452-465

Horsfield B, Douglas AG (1980) The influence of minerals on the pyrolysis of kerogens: Geochimica et Choschimica Acta 44: 1119-1131

Ji L, ZhangT, Milliken KL, Qu J, Zhang X (2012) Experimental investigation of main controls to methane adsorption in clay-rich rocks. Appl Geochem 27: 2533-2545

Katz BJ (1983) Limitations of "Rock-Eval" pyrolysis for typing organic matter. Org Geochem 4: 195-199

Langford FF, Blanc-Valleron MM (1990) Interpreting Rock-Eval pyrolysis data using graphs of pyrolyzable hydrocarbons versus total organic carbon. AAPG Bull 74: 799-804

Mendhe VA, Mishra S, Varma AK, Kamble AD, Bannerjee M, Singh BD, Sutay TM, Singh BD (2018a) Geochemical and petrophysical characteristics of Permian shale gas reservoirs of Raniganj Basin, West Bengal India. Int J Coal Geol 188: 1-24

Mendhe VA, Kumar S, Kamble AD, Mishra S, Varma AK, Bannerjee M, Mishra VK, Sharma S, Buragohain J, Tiwari B (2018b) Organo-mineralogical insights of shale gas reservoir of Ib-River Mand-Raigarh Basin India. J Nat Gas Sci Eng 59: 136-155

Peters KE (1986) Guidelines for evaluating petroleum source rock using programmed pyrolysis. AAPG Bull 70: 318-386

Ross DJK, Bustin RM (2009) The importance of shale composition and pore structure upon gas storage potential of shale gas reservoirs. Mar Pet Geol 26: 916-927

Sari A, Moradi AV, Akkaya P (2015) Evaluation of source rock potential, matrix effect and applicability of gas oil ratio potential factor in Paleocene – Eocene bituminous shalesof Çamalan Formation, Nallıhan—Turkey. Mar Pet Geol 67: 180-186

Synnott DP, Dewing K, Sanei H, Pedersen PK, Ardakani OH (2017) Influence of refractory organic matter on source rock hydrocarbon potential: a case study from the Second White Specks and Belle Fourche formations, Alberta Canada. Mar Petrol Geol 85: 220-232

Varma AK, Mishra DK, Samad SK, Prasad AK, Panigrahi DC, Mendhe VA, Singh BD (2018) Geochemical and organo-petrographic characterization for hydrocarbon generation from Barakar Formation in Auranga Basin India. Int J Coal Geol 186: 97-114

Zhang S, Liu C, Liang H, Wang J, Bai J, Yang M, Liu G, Huang H, Guan Y (2018) Paleoenvironmental conditions, organic matter accumulation, and unconventional hydrocarbon potential for the Permian Lucaogou Formation organic-rich rocks in Santanghu Basin NW China. Int J Coal Geol 185: 44-60

第5章 干酪根转化为烃类的潜力：生烃动力学及成熟度和生烃转化过程模拟

5.1 干酪根及其生物成因演化和热演化的重要性

煤和页岩中有机显微组分的形成始于富有机质细粒沉积物在地球表面的沉积，这些显微组分主要由动植物的微观组分组成。随着埋藏深度的增大，这些显微组分在温度和压力的作用下转化为不易溶解于有机酸的有机矿物——干酪根。干酪根的组分，尤其是它的H/C原子比主要由有机质的来源和类型，以及初始的沉积环境和保存条件所决定。常见的四种干酪根类型（Ⅰ型干酪根，倾油，湖相或陆相来源；Ⅱ型干酪根，倾油/气，海相来源；Ⅲ型干酪根，倾气，陆相来源；Ⅳ型干酪根，非烃源岩，来源多样，但以陆相为主）决定了随着埋深的增加这些干酪根生成烃类的类型（图5.1）。Ⅰ型和Ⅱ型干酪根相对于Ⅲ型和Ⅳ型干酪根而言更加富氢，而后两者则以富集碳元素为典型特征。

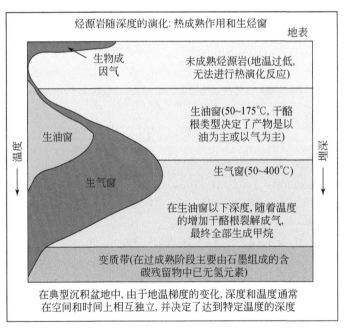

图5.1 烃源岩热演化和生烃窗随埋深和温度变化关系图

通常，生物成因气是在埋藏较浅的厌氧环境下大量生成的。细菌的产生物成因气作用在深度<550 m 时最为活跃（Shurr and Ridgley，2002）。这些通过有机质生物降解形成的生

物成因气可以很容易地和热成因气区分开，因为它们的气组分很干，乙烷及以上重烃气组分含量极低，且甲烷碳同位素组成很轻（Whiticar，1994）。生物成因气有两种截然不同的来源：①原生成因——埋深极浅的沉积物中有机质的生物降解（通常浅于 500 m）；②次生成因——浅层油气藏中热成因原油或湿气的生物降解。两种来源的生物成因气均可形成工业气藏。此类气藏形成后还有可能继续深埋至生物成因气生成窗口之下，并在一些情况下和热成因气发生混合。在全球天然气藏中，超过 20% 的天然气为生物成因（Rice and Claypool，1981）。大部分生物成因甲烷是在温度<75℃的厌氧、无硫环境下生成的，细菌在该环境下通过一系列复杂的反应将有机质中的不稳定组分代谢（发酵）生成氢气，进而将二氧化碳还原生成甲烷（Cokar et al.，2013）。在东地中海海相沉积物（Schneider et al.，2016）、中国柴达木盆地三湖地区湖相沉积物（Yang et al.，2012）及加拿大艾伯塔（Alberta）地区富有机质页岩（Cokar et al.，2013）中，大型生物成因气藏和一些生物成因气水合物的发现表明全球生物成因气资源的重要工业价值正日益增长。能否有效地生成生物成因气取决于埋藏速率和地温梯度的相互关系，这一关系决定了在整个埋藏过程中有机质在生物成因气生气窗口的滞留时间。很难通过一级反应动力学实现对生物成因气生成过程的建模和定量。

　　富有机质沉积物需要在年轻地层之下，埋藏至较大深度（通常将进入该深度范围的区域定义为生烃灶）才能达到热成因生烃窗相应的温度。在这一温度范围内，沉积物中的有机质进入热成熟演化阶段，部分干酪根开始生烃。只有足够的埋深才能使沉积物达到生烃窗不同演化阶段所需的门限温度。门限温度和压力对于烃源岩的生烃量和生烃速率都起着非常重要的作用。由于大地构造背景不同，全球各盆地的热流值和地温梯度变化很大。即便是在同一个盆地，在研究生烃窗与埋深关系时，也必须考虑盆地内地温梯度在地质时间尺度的演化历史。沉积物的埋藏同样不是一个均匀且连续不变的过程。在地质历史时期中，很多地层在上覆沉积地层的快速沉积过程中经历了沉积间断，这既有可能是抬升作用引起的上覆沉积物的剥蚀，也有可能是由等温环境下沉积埋藏过程暂时停滞而造成的。沉积物在某一温度点滞留的时间也影响着干酪根的转化率和转化时机。因此，相对于地层现今的埋藏深度，其埋藏史和热演化史显得更为重要。

　　当页岩达到不同的热演化阶段，其干酪根会生成不同相态的烃类（油/气）。一部分生成的烃类从干酪根中排出（初次运移），赋存在致密岩层有限的孔隙空间和裂缝中。剩余的烃类则滞留在干酪根的孔隙空间中，随着成熟度增加，干酪根生成更多的烃类，其间的孔隙空间也逐渐变大。通常情况下，储层中单位体积流体的增加会引起压力的增大，使一部分滞留在页岩基质和裂缝中的烃类从页岩地层中排出。被排出的烃类会沿裂缝或断层向上倾方向运移（因为其密度小于水），被较浅的孔隙性（或致密）岩层暂时或半永久性地捕获（二次运移）。排出页岩的烃类数量变化很大，但通常情况下只占生成烃类的很小一部分。这意味着大量已生成的烃类滞留在页岩内，成为一类新的数量巨大且亟待开发的油气资源（非常规油气），它们有别于被排出油气经过二次运移在孔隙型储层中聚集形成的常规油气藏。

　　在干酪根热演化过程中，最初的生烃过程被定义为深成作用。但其他一些热转化过程同样会影响深成作用过程中生成烃类的组成。特别是那些组成液态石油和液态天然气的较大烃类分子，在一定时间范围内，它们在地层压力和温度的作用下逐渐裂解转化为更小的分子。这种裂解转化过程使得沉积物中的烃类流体最终在更深的热成因生气窗范围内向着富甲烷的方向演变。那些异常致密（即渗透率极低）且/或顶底被极低渗透率富黏土层所分隔的页岩无法轻易地将其生成的烃类排出。随着这类岩石的不断深埋，大部分生成的烃类滞留下来，同时逐渐富集甲烷。

由于沉积和沉降速率的时空差异，同盆地内不同区域页岩地层的厚度和埋深往往不尽相同。同样地，由于盆地内热流值的非均一性，不同地区生烃窗的门限深度往往也不尽同。这些差异导致了在一个盆地内，不同位置和深度的页岩，其生烃能力和生成烃类的组分表现出很大差别。这意味着为了在广泛分布于盆地内的富有机质页岩中寻找油气"甜点"，就必须详尽地刻画有机质丰度、干酪根类型和页岩厚度的分布，以及深度和生烃窗（生烃地温窗口）的关系。有了这些信息，再结合埋藏史，就可以定量分析特定页岩层的成熟度，评价它们可能生成烃类的数量。

页岩中单位有机碳生成烃类的数量取决于页岩的干酪根类型（即HI）和它所达到的成熟度。图5.2强调了在富有机质页岩中有大量的有机碳是没有生烃能力的，它们属于非生烃有机碳（non-generative organic carbon，NGOC）。通常，在未成熟页岩中，具有生烃潜力（通常和较高的HI相关联）的有机碳称为生烃有机碳（generative organic carbon，GOC），所占比例不足40%。若该套页岩地层位于过成熟区域（位于较深的生气窗或更深部位）时，其残余有机碳中GOC的比例或不足2%。TOC中GOC占比的变化反映出在生烃过程中，干酪根在不断发生变化。通常，生成的烃类只有一部分会在热成熟地层中滞留。作为一类重要的页岩资源（非常规油气），滞留在页岩中的这部分油气备受关注。与之相对应，作为常规孔渗型油气藏的主要油气源，那部分被排出并通过二次运移在异地被孔隙型或致密地层所捕获的油气同样受到关注。

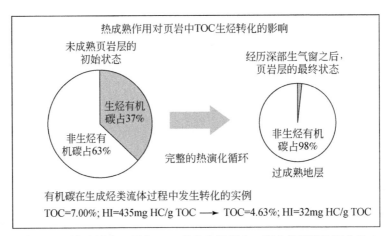

图5.2　页岩中只有一部分TOC具备生烃能力，当它们逐渐达到生油/气窗不同阶段时，就会发生相应的生烃过程

据Jarvie（2014），Wood和Hazra（2017）修改

5.2 富有机质沉积物的成熟度模拟

热演化建模是一项确定盆地内不同位置和深度的页岩地层和其他富有机质地层的生烃时间和演化程度，进而评价其作为常规烃源岩或非常规油气储层潜力的必备工作。如果有井下样品的实测成熟度数据（如 R_o 和 T_{max}），就可以利用它们对热演化模型进行合理标定，再结合干酪根合理的埋藏史和地温梯度，就可以通过成熟度模拟获得可靠的盆地尺度的分析结论。这些分析工作可以识别"甜点"，并确定其在平面和纵向（深度）上的分布。这些"甜点"最有可能发现具有商业价值的液态原油、湿气和干气。

具体来说，干酪根向热成因烃类的转化过程包含了一系列多级化学反应。在建模时，总的思路就是将上述各种反应尽量简化为阿伦尼乌斯一级反应方程。这一操作是基于在干酪根裂解生成烃类流体的过程中，该一级反应起到了主导作用。在此反应之后，烃类流体会发生裂解和调整过程，其组分继续发生变化，但这些过程相对于一级反应而言皆为次要反应。

5.3 烃源岩热演化模拟的历史

对烃源岩成熟度进行定量模拟的尝试可以追溯到 20 世纪 70 年代（Lopatin，1971）。人们试图通过该方法建立起时间-温度指数（time-temperature index，TTI）和 R_o 之间的关系（Waples，1980）。然而，人们很快意识到利用阿伦尼乌斯方程确定一级反应速率为我们提供了一种更科学、更现实的方法来认识干酪根向油气的转化过程（Tissot and Espitalié，1975；Tissot and Welte，1978）。

Wood（1988）开发了基于阿伦尼乌斯方程的累积时间-温度指数法（cumulative time-temperature index，$\sum TTI_{ARR}$），以此来实现对烃源岩热成熟度的模拟。在开展热成熟度模拟的过程中，该方法在进行阿伦尼乌斯方程累积积分运算时，取干酪根的活化能（$E = 218$ kJ/mol）和指前因子（A，$\ln A = 61.56$ Ma^{-1}）为固定值，并和实测 R_o 在不同深度范围的演化趋势进行对比。基于当时的可用数据，在模拟中所获得的干酪根动力学参数被用来表征典型的 II 型和 III 型干酪根的动力学属性（图 5.3）。Larter（1989）提出用活化能的正态分布可以更好地代表在镜质体热演化过程中所发生的一系列平行一级阿伦尼乌斯反应。Sweeney 和 Burnham（1990）将这一方法进一步发展为"Easy-R_o"模型。该模型使用 20 种活化能（E）的弹性分布（不属于任何一种特定的数学分布类型），但只有一个恒定的指前因子（A）。这种分布的中心值接近于 Wood（1988）提出的模型。尽管此类同时使用多个活化能（E）却仅使用单一指前因子（A）的模型的有效性受到了部分学者的质疑，但它们自 20 世纪 90 年代以来仍然得到了广泛的应用（Pepper and Corvi，1995；Dieckmann，2005；Cornford，2009；Stainforth，2009）。Wood（2017，2018a）对他在 1988 年提出的 $\sum TTI_{ARR}$ 法进行了进一步的调整和改进，用以模拟单一或混合型干酪根的热演化过程，并对视指前因子 A 为固定值的活化能分布的有效性提出了质疑。Wood（2017）对烃源岩热演化史模拟进行了更加详细的总结（即本章中详细介绍的 $\sum \mathrm{TTI_{ARR}}$ 法）。

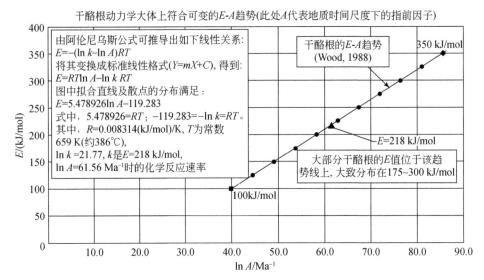

图 5.3 经典的活化能（E）和指前（频率）因子（$\ln A$）分布趋势（Wood，1988）

该公式从地质时间尺度上运用阿伦尼乌斯方程来表达烃类的动力学反应。计算累积时间–温度热成熟度参数 $\sum \mathrm{TTI_{ARR}}$ 时使用的动力学参数（$E=218\ \mathrm{kJ/mol}$，$\ln A=61.56\ \mathrm{Ma^{-1}}$）取值于该趋势线的中点

5.4　$\sum \mathrm{TTI_{ARR}}$ 的计算

阿伦尼乌斯公式可以用一个简单的公式（5.1）表达（Arrhenius，1889）：

$$E = RT\ \ln A - RT\ \ln k \tag{5.1}$$

式中，E 为活化能（kJ/mol；美国实验室仍使用 kcal/mol 的单位）；R 为通用气体常数（0.008314 kJ/mol）；T 为热力学温度（K）；A 为指前（或频率）因子，代表埋藏史模拟过程中，地质时间尺度下的每百万年或实验室时间尺度下的每分钟或每秒钟；k 为一级化学反应的速率。

Wood（1988）运用式（5.1）论述了 E（kJ/mol）和 $\ln A$ 之间的线性关系，发现当时公开发表的大量不同类型干酪根的动力学数据（Tissot and Espitalié，1975；Espitalié et al.，1977；Lewan，1985）都与该趋势线吻合（图 5.3）。因此，该趋势可以确定用于计算 $\sum \mathrm{TTI_{ARR}}$ 指数的干酪根动力学参数（$E=218\ \mathrm{kJ/mol}$）和指前因子（$A=5.4349\times10^{26}\ \mathrm{Ma^{-1}}$）。

$\sum \mathrm{TTI_{ARR}}$ 通过阿伦尼乌斯公式的温度积分求取。计算时，每个模拟时间间隔都要使用到与通用升温速率相匹配的简单的时间调整因子。在每一个时间间隔中，TTI 以一种地质或实验室时间尺度内可计算的形式来表达：

$$\mathrm{TTI_{ARR}} = \frac{A}{q_n}\left[\frac{RT_{n+1}^2}{E + 2RT_{n+1}}e^{-\frac{E}{RT_{n+1}}} - \frac{RT_n^2}{E + 2RT_n}e^{-\frac{E}{RT_n}}\right] \tag{5.2}$$

式中，q_n 为时间间隔从 n 到 $n+1$ 的升温速率（℃/Ma），根据时间点 t_n 到 t_{n+1} 的温度变化，可以准确地计算每一个模拟时间间隔的 q_n 值；$\dfrac{A}{q_n}$ 为 t_n 到 t_{n+1} 时间间隔的时间调整因子；T_n 为时间点 t_n 模拟的地层温度；T_{n+1} 为时间点 t_{n+1} 模拟的地层温度。该公式要求 $T_n \neq T_{n+1}$，即式（5.2）的计算结果只能运用于 t_n 到 t_{n+1} 温度发生变化的情况。

依据式（5.2）获得的 TTI_{ARR} 代表了在每个模拟时间区间内对应一个特定时间调整因子的温度积分。从 t_n 到 t_{n+1}，相应温度将从 T_n 变化至 T_{n+1}。若该过程中升温速率 q_n 减小，将导致时间调整因子 A/q_n 增加。在典型的地质时间尺度埋藏条件下，热流值和地温梯度是随时间不断变化的，这可以很容易地通过式（5.2）来进行调整。对于在 t_n 到 t_{n+1} 时间间隔内温度保持恒定不变的特例，对 TTI_{ARR} 的计算可以简化为式（5.3）：

$$\text{TTI}_{\text{ARR}} = Ae^{-E/RT_n} \tag{5.3}$$

$\sum \text{TTI}_{\text{ARR}}$ 可以作为每一个模拟温度间隔内 TTI_{ARR} 之和计算得到，表示为式（5.4）：

$$\sum \text{TTI}_{\text{ARR}} = \sum_{n=1}^{n=m} \frac{A}{q_n} \left[\frac{RT_{n+1}^2}{E + 2RT_{n+1}} e^{-\frac{E}{RT_{n+1}}} - \frac{RT_n^2}{E + 2RT_n} e^{-\frac{E}{RT_n}} \right]$$

$$\neq T_{n+1} + \sum_{n=1}^{n=m} Ae^{-E/RT_n} \tag{5.4}$$

Wood（1988，2017）提供了 $\sum \text{TTI}_{\text{ARR}}$ 公式更详细的推导过程。这项工作的重要性在于，通过两个针对不同 R_o 区间的多项式［式（5.5）和式（5.6）］将 0.2%～4.7% 区间的等效 R_o（R_{ocalc}）（Wood，2018b）和 $\sum \text{TTI}_{\text{ARR}}$ 有效地联系在一起。

当 $0.2\% \leq R_o < 1.1\%$ 时，R_{ocalc} 的计算使用式（5.5）：

$$R_{ocalc} = 3E - 0.5x^4 + 0.0013x^3 + 0.0198x^2 + 0.1726x + 0.9612 \tag{5.5}$$

式中，$x = \lg \sum \text{TTI}_{\text{ARR}}$；$R_{ocalc}$ 为等效镜质组反射率。

当运用式（5.5）计算得到的 $R_{ocalc} < 0.2\%$ 时，R_{ocalc} 固定为 0.2%。

当 $1.4\% \leq R_o < 4.7\%$ 时，R_{ocalc} 的计算使用式（5.6）：

$$R_{ocalc} = -0.0019x^4 + 0.023x^3 - 0.0483x^2 + 0.3318x + 0.8975 \tag{5.6}$$

当运用式（5.6）计算得到的 $R_{ocalc} > 4.7\%$ 时，R_{ocalc} 固定为 4.7%。

当使用式（5.4）计算得到的 $\lg \sum \text{TTI}_{\text{ARR}}$ 大于 8.3 时，R_{ocalc} 同样固定为 4.7%。

$\lg \sum \text{TTI}_{\text{ARR}}$ 和 R_o 的这种相关关系都已通过在很宽的 R_o 区间大量的埋藏史模拟进行了验证（Wood，2017），并且和基于 Sweeney 和 Burnham（1990）提出的 "Easy-R_o" 法计算的 R_o 结果是匹配的。

还有一些其他的阿伦尼乌斯方程的积分方案［如式（5.7）］（Chen et al.，2017）经常被用于成熟度的模拟，尤其是实验室恒定升温速率的热解实验。此类公式也被用于通过岩石热解谱图反演动力学参数。

$$dx/dT \approx \frac{ART^2}{q} \left[1 - \frac{2RT}{E} \right] e^{-E/RT_{n+1}} \tag{5.7}$$

需要特别注意的是，像式（5.4）这样的方法很难对地质时间尺度内具有不同升温速率的复杂埋藏过程进行计算。

5.5 埋藏史模拟

为了尽可能真实地模拟沉积于几百万年之前的沉积地层的成熟度，首先需要重建地层的埋藏史和热演化史。这本身就是一项十分复杂的工程，具有很大的不确定性，尤其对于那些经历一系列抬升剥蚀，需要对被剥蚀地层的厚度进行估算的情况。通常，评价盆地内古热流值和地温梯度的时空变化也会存在很大的不确定性。

在实际中，仅有的可用数据来自钻井获取的地球化学和实测成熟度资料，如富有机质地层的热解、镜质组反射率及其他地球化学成熟度数据。这些数据仅仅零星地来自那些钻井钻遇的地层中。这种情况就需要来自盆地露头资料、区域基底深度图、现今热流值和地层矿物热演化史等信息（如磷灰石裂变径迹）的补充（Huntsberger and Lerche，1987；Donelick et al.，2005）。

多维埋藏史和热演化史模拟工作已经开展了几十年（Nunn et al.，1984），针对不同类型含油气盆地开展了大量的工作（Wood，1988）。对某一地层随时间的热演化过程进行图像展示已经成为盆地分析研究的一项常规工作（He and Middleton，2002；Mohamed et al.，2016；Yang et al.，2017）。图5.4展示了苏丹迈卢特（Melut）裂谷盆地中心/最深处地层150Ma以来热演化史和埋藏史恢复的实例（Mohamed et al.，2016；Wood，2018a）。该盆地经历了一个复杂的埋藏和热演化过程，包括多期的抬升和剥蚀、多期的快速埋藏和变化的地温梯度等。

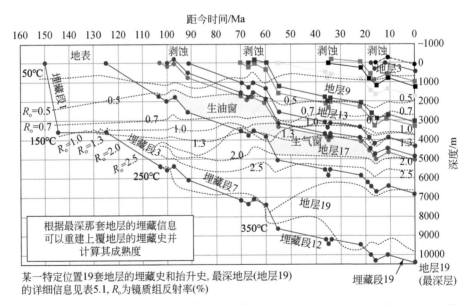

图 5.4 古老裂谷盆地热演化史和埋藏史多维模拟实例（Wood，2018a；可见150Ma以来，该盆地经历了四期抬升剥蚀）

在常规油气勘探中，当需要确定特定烃源岩层段的油气生成时间时，上述信息尤为重要。
上述信息对非常规页岩油气藏的表征同样具有重要意义

图5.4所展示的埋藏史是基于表5.1中所列的数据。表5.1中"地层1"这一行代表了在第一个沉积期末（即145 Ma前）第一套沉积地层顶界距离基底的深度。表5.1中的最后一行"地层19"代表了第一套沉积层在经历了19个沉积和/或抬升和/或无沉积过程后，现今其顶界距离基底的深度。如图5.4所示，只要根据最深的那套地层的埋藏史信息（表5.1），我们就可以重建其上覆年轻地层的埋藏史。

为了像实例中介绍的那样（图5.4，表5.1），将恢复的地质时期内的多维埋藏史转化为热演化史，进而评价盆地特定地层的生烃潜力，需要开展以下三步工作。

第1步：选用一种能够将多期抬升和剥蚀，以及各种地温梯度变化考虑在内的埋藏史恢复方法。通常，这种方法应该能够计算15~20个地层的温度，并且生成类似图5.4的图像。

第2步：利用每一层的温度和时间数据来计算 $\sum \text{TTI}_{\text{ARR}}$（$E = 218 \text{ kJ/mol}$；$\ln A = 61.56 \text{Ma}^{-1}$），在此基础上使用已有的相关公式（图5.5）就可以计算某一特定富有机质地层的 R_{o}。这些计算得到的镜质组反射率（R_{ocalc}）需要一些实测的镜质组反射率（R_{omeas}）或其他的可靠且量化的成熟度参数来校正，以验证埋藏史和热演化史的恢复结果。

第3步：针对目标富有机质地层中特定类型干酪根的生烃转化率进行细致分析。这项工作通常需要某一特定类型的干酪根或混合型干酪根的动力学信息（E 和 A），其通常和第二步中用于全盆地热演化史分析的 E 和 A 值是不同的。这些计算会在后续章节详细讨论。

涵盖所有地层的现今深度和成熟度剖面是多维埋藏史模拟的一项关键输出信息。这一剖面已展示在本书的埋藏史实例中（图5.4，表5.1、表5.2）。从本质上讲，这是一个包含了成熟度信息的钻井（或一口重构的虚拟井）深度剖面。通常需要对剖面中的 R_{ocalc} 值和 R_{omeas} 值进行对比，并且获得富有机质地层的生烃转化率。在现今的深度剖面中，对应深度的 R_{ocalc} 值和 R_{omeas} 值（以及预测的地下温度和实测地下温度）越接近，模拟重建的热演化史和埋藏史的可靠性就越高。图5.5展示了中国四川盆地东北部元坝气田可靠的埋藏史和热演化史模拟实例，相关参数通过井下实测和计算的镜质组反射率与温度拟合获得（Yang et al., 2017）。

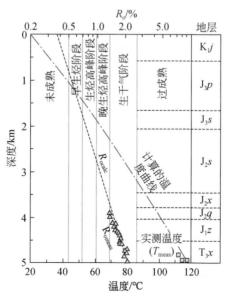

图5.5　中国四川盆地东北部元坝气田B4井的热模拟结果［据 Yang 等（2016）修改］
该图表明在下侏罗统和上二叠统烃源岩生气窗内，实测镜质组反射率和模拟计算的结果匹配良好

通过输入最深地层的埋藏史数据所求得的多维埋藏史和热演化史

阿伦尼乌斯时间-温度指数（TTI）单活化能模型；

$E=218$ kJ/mol (52.1 kcal/mol)；$A=5.45\times10^{26}$ Ma^{-1}

表 5.1 热演化史和埋藏史模拟计算得到的古老裂谷盆地最深部地层的 R_o 和 $\sum TTI_{ARR}$ 值

埋藏段	地层顶界深度/m	年龄/Ma	埋藏速率 dz/dt /(m/Ma)	地温梯度 /(℃/m)	升温速率 dT/dt /(℃/Ma)	温度 /℃	模拟的成熟度指数 ($\sum TTI_{ARR}$)	模拟的成熟度指数 ($\lg\sum TTI_{ARR}$)	模型计算的镜质组反射率 (R_{ocalc})	干酪根液态烃转化率（生油窗）	干酪根气态轻转化率（生气窗）
地表	0	150	—	—	—	21.0	—	—	—	—	—
地层 1	3601	145	720.2	0.035	25.21	147.0	1.12×10^{-1}	−0.95	0.81	0.1057	0.0011
地层 2	3601	125	0.0	0.045	1.80	183.0	2.52×10^{2}	2.40	1.67	1	0.9195
地层 3	5348	103	79.4	0.045	3.57	261.7	8.15×10^{5}	5.91	3.60	1	1
地层 4	5548	100	66.7	0.030	−24.74	187.4	9.32×10^{5}	5.97	3.64	1	1
地层 5	5348	97	−66.7	0.025	−10.91	154.7	9.32×10^{5}	5.97	3.64	1	1
地层 6	6098	91	125.0	0.025	3.13	173.5	9.33×10^{5}	5.97	3.64	1	1
地层 7	7115	70	48.4	0.042	6.97	319.8	6.37×10^{7}	7.80	4.43	1	1
地层 8	7315	67	66.7	0.042	2.80	328.2	2.05×10^{8}	8.31	4.69	1	1
地层 9	7115	65	−100.0	0.035	−29.10	270.0	2.34×10^{8}	8.37	4.69	1	1
地层 10	7388	60	54.6	0.025	−12.87	205.7	2.34×10^{8}	8.37	4.69	1	1
地层 11	8643	55	251.0	0.040	32.20	366.7	6.36×10^{8}	8.80	4.69	1	1
地层 12	9198	36	29.2	0.040	1.17	388.9	3.64×10^{10}	10.56	4.69	1	1
地层 13	9398	35	200.0	0.040	8.00	396.9	4.08×10^{10}	10.61	4.69	1	1
地层 14	9198	34	−200.0	0.038	−26.40	370.5	4.36×10^{10}	10.64	4.69	1	1
地层 15	9438	22	20.0	0.034	−2.39	341.9	4.96×10^{10}	10.70	4.69	1	1
地层 16	9998	18	140.0	0.034	4.76	360.9	5.10×10^{10}	10.71	4.69	1	1
地层 17	10298	16	150.0	0.034	5.10	371.1	5.26×10^{10}	10.72	4.69	1	1
地层 18	9998	11	−60.0	0.034	−2.04	360.9	5.69×10^{10}	10.75	4.69	1	1
地层 19	10398	0	36.4	0.034	1.24	374.5	6.74×10^{10}	10.83	4.69	1	1

注：该盆地 150Ma 以来经历了如图 5.4 所示的四期抬升剥蚀（据 Wood, 2018a 修改）。

表 5.2　计算得到的表 5.1 和图 5.4 中所有地层的 R_o、$\sum\text{TTI}_{\text{ARR}}$ 和烃类转化率［据 Wood（2018a）修改］

地层名称	模拟地层顶界的现今深度剖面				现今地层的一维成熟度				
	地层底界深度 /m	地层顶界年龄 /Ma	剥蚀量 /m	现今温度 /℃	模拟的成熟度指数（$\sum\text{TTI}_{\text{ARR}}$）	模拟的成熟度指数（$\lg\sum\text{TTI}_{\text{ARR}}$）	模型计算的镜质组反射率（R_{ocalc}）	干酪根液态烃转化率	干酪根气态烃转化率
地层 1	400	11	—	34.6	1.52×10^{-10}	−9.82	0.22	0	0
地层 2	100	16	~300	24.4	剥蚀	剥蚀	剥蚀	剥蚀	剥蚀
地层 3	400	18	—	34.6	1.99×10^{-10}	−9.70	0.23	0	0
地层 4	960	22	—	53.6	3.27×10^{-8}	−7.49	0.33	0	0
地层 5	1200	34	—	61.8	2.44×10^{-7}	−6.61	0.37	0	0
地层 6	1000	35	~200	55.0	4.61×10^{-8}	−7.34	0.33	0	0
地层 7	1200	36	—	61.8	2.44×10^{-7}	−6.61	0.37	0	0
地层 8	1755	55	—	80.7	1.78×10^{-5}	−4.75	0.46	0	0
地层 9	3010	60	—	123.3	6.55×10^{-2}	−1.18	0.78	0.0634	0
地层 10	3283	65	—	132.6	3.12×10^{-1}	−0.51	0.88	0.2681	0
地层 11	3083	67	~200	125.8	1.00×10^{-1}	−1.00	0.81	0.0953	0.0010
地层 12	3283	70	—	132.6	3.12×10^{-1}	−0.51	0.88	0.2681	0.0031
地层 13	4300	91	—	167.2	6.04×10	1.78	1.45	1	0.4534
地层 14	5050	97	—	192.7	1.86×10^{3}	3.27	2.05	1	1
地层 15	4850	100	~200	185.9	7.71×10^{2}	2.89	1.87	1	1
地层 16	5050	103	—	192.7	1.86×10^{3}	3.27	2.05	1	1
地层 17	6797	125	—	252.1	1.81×10^{6}	6.26	3.80	1	1
地层 18	6797	145	—	252.1	1.81×10^{6}	6.26	3.80	1	1
地层 19	10398	150	—	374.5	6.74×10^{10}	10.83	4.69	1	1

　　当在盆地的几个不同地点完成了埋藏史和热演化史模拟（钻井或虚拟井），并且实现了计算和实测成熟度参数的良好匹配，我们就可以获得全盆地可靠的模拟结果。要实现这一目的，我们需要获得研究区主要目的层的深度图（构造图），以及不同地质时期的地温梯度图。有了这些数据及一个严谨的热演化计算模型，就有可能获得现今和过去特定地质历史时期的可以反映温度、成熟度（$\sum\text{TTI}_{\text{ARR}}$ 和 R_{ocalc}）和生烃转化率的深度剖面。

　　盆地级的成熟度定量成图可以很好地认识现今富有机质地层的热演化程度和时间节点，进而识别出盆地中的油气"甜点"。此外，通过将处在一定成熟度范围（如生油窗或生气窗）内的富有机质地层的岩石总体积校正为富含干酪根地层的体积（如用 TOC 和/或 HI 的分级截止值），就可以定量计算盆地内原地的油气资源量和潜在的可采资源量。这种三维盆地模拟方法同样可以应用于非常规油气资源的评价和识别常规油气勘探中的生烃灶。

5.6 拟合剥蚀量、地温梯度模型与实测 R_o 剖面的优化方法

许多经历了漫长地质历史时期的地层有着十分复杂的埋藏史，如经历多期的抬升剥蚀和变化的地温梯度。不整合面和地层剥蚀代表了埋藏过程的间断。因此，埋藏史的恢复需要估算原始沉积地层的厚度、沉积速率和剥蚀速率。沉积物的剥蚀量在盆地不同区域可能差别很大。一些情况下，通过研究不整合面上下的差异压实可以帮助我们分析被剥蚀的沉积地层厚度。通常，解释人员会采用试错法（trial and error）来确定最真实的剥蚀厚度和古地温梯度，以达到在整个地质剖面模拟中预测成熟度和实测成熟度之间的最佳匹配。

Wood（2018a）指出通过将 $\sum TTI_{ARR}$ 计算的成熟度参数值和一个优化器相结合可以提高复杂地层埋藏史模拟的准确性，并限定地质历史时期地层剥蚀厚度和古地温梯度的范围。利用优化器使 R_{ocalc} 和 R_{omeas} 之间的均方差最小化，是在约束条件下求取目的层埋藏史最优解的一种简便方法。为了从这个最优成熟度模型中获得尽可能多的信息，通常需要对不同地层（而非仅仅针对某一特定地层）施加约束条件，如限定累积沉积厚度和地温梯度的最大值和最小值等。将 $\sum TTI_{ARR}$ 计算的成熟度和优化器结合可以实现在盆地范围内对成熟度进行更快速、更透明的分析，包括对盆地内潜力区虚拟井和剖面的分析。

5.7 基于累积时间–温度指数定量计算干酪根的烃类转化率

阿伦尼乌斯公式常常用于在已知一级反应速率 k 的情况下，计算经过一定时间后某一反应的作用程度。可以通过简化的阿伦尼乌斯公式［式（5.8）］获得上述参数：

$$X_t = X_o e^{-kt} \tag{5.8}$$

式中，X_o 为反应开始前反应物的数量；X_t 为在 t 时刻还未被转化的反应物的数量；X_t/X_o 为未被转化反应物的比例（0~1）；k 为阿伦尼乌斯一级反应速率，取决于某一特定反应中的 E 和 A 值。

对干酪根而言，式（5.8）中的 kt 和热演化过程是成比例变化的。当温度随着时间变化，干酪根逐渐向烃类转化，该过程取决于特定干酪根的 E 和 A 值，以及埋藏史和升温史。因此，可以合理地用式（5.4）中的 $\sum TTI_{ARR}$ 值来替换式（5.8）中的 kt（Wood，1988，2017），这样上述关系就可以表达为：

$$X_t/X_o \approx e^{-\sum TTI_{ARR}} \tag{5.9}$$

这种近似的求解法承认了可能存在多个反应的参与，且 $\sum \mathrm{TTI_{ARR}}$ 代表了这些反应的平均情况。

通过将总的反应物数量 X_o 设定为 1，我们可以将转化率归一化为 0 ~ 1。这样就可以通过式（5.10）来计算干酪根转化为烃类的比例：

$$X_t = \mathrm{e}^{-\sum \mathrm{TTI_{ARR}}} \tag{5.10}$$

为了在模拟过程中定量计算干酪根向烃类的转化率，通常需要计算干酪根转化为烃类过程中平均一级反应的烃类转化因子（$\mathrm{TF}_t = 1 - X_t$）。TF_t 可以通过式（5.11）计算得到：

$$\mathrm{TF}_t（油）= 1 - \mathrm{e}^{-\sum \mathrm{TTI_{ARR}}} \tag{5.11}$$

当 $\mathrm{TF}_t = 0$ 时，干酪根还处于未成熟阶段，没有生成任何烃类。当 $\mathrm{TF}_t = 1$ 时，干酪根已经达到过成熟阶段，生成了它所能生成的所有烃类。需要注意的是，当 $\mathrm{TF}_t = 1$ 时，并不意味着干酪根中不存在任何烃类，因为在 TF_t 达到 1 且温度达到对应的阈值后，可能还会有一部分生成的烃类在干酪根的微孔隙空间中滞留一段时间。因此，区分干酪根的生烃和排烃是一项十分重要的工作，要实现对这两个过程的定量评价是十分困难的。

为 $\sum \mathrm{TTI_{ARR}}$ 选择干酪根动力学参数值（$E = 218 \ \mathrm{kJ/mol}$ 和 $\ln A = 61.56 \ \mathrm{Ma}^{-1}$）的一个决定因素是：$\mathrm{TF}_t$ 方程［式（5.11）］在 $R_{\mathrm{ocalc}} = 0.5\% \sim 1.1\%$ 的范围内从 0 上升到 1（Wood，1988），这样可建立通过镜质组反射率定义的主生油窗与模拟初次生烃过程之间良好的匹配关系。鉴于式（5.11）中的 TF_t 本质上模拟的是在生烃窗内干酪根向液态石油的转化过程，因此将其定义为 TF_t（油）。

尽管式（5.11）对液态烃的生成十分重要，但对生烃温度范围相对宽得多的天然气和凝析油气（NGL）则不然（图 5.1）。通常认为干酪根生成这些烃类的镜质组反射率区间为 $0.8\% < R_o < 2.0\%$。干酪根生成凝析油和天然气（以及烃类发生初次运移离开干酪根后的裂解和重整）是一个复杂的过程，这些过程可能与许多一级反应和更高级的反应有关（如页岩孔隙和裂缝，以及干酪根中滞留液态烃的裂解和重整）。目前还无法用图 5.3 中定义的 E-A 趋势选择阿伦尼乌斯平均动力学反应参数将上述种类多样且各有特点的反应放在一起进行约束。尽管如此，还是可以通过提高 $\sum \mathrm{TTI_{ARR}}$ 的范围，使式（5.11）中定义的转化率符合生气窗的成熟度区间（即 $0.8\% < R_o < 2.0\%$），以此来获得天然气/凝析油转化率的近似值。将 $\sum \mathrm{TTI_{ARR}}$ 的范围（对应于 $E = 218 \ \mathrm{kJ/mol}$；$\ln A = 61.56 \mathrm{Ma}^{-1}$）除以 100（Wood，2018b），它的转化率 TF_t（气）就会增加，覆盖了生气窗的范围（定义为 $0.8\% < R_o < 2.0\%$）。这种提高 $\sum \mathrm{TTI_{ARR}}$ 范围的经验方法可以近似反映天然气的生成过程（即初次生烃和裂解重整），其表达式为

$$\mathrm{TF}_t（气）= 1 - \mathrm{e}^{-\sum \mathrm{TTI_{ARR}}/100} \tag{5.12}$$

如果使用不同的 E-A 动力学参数来计算 $\sum \mathrm{TTI_{ARR}}$ 的范围，那么用式（5.12）来经验性标定生气窗（$0.8\% < R_o < 2.0\%$）内 TF_t（气）分布的方法也可能要相应地改变。通过调整各种因子来上调或下调 $\sum \mathrm{TTI_{ARR}}$ 指数，可以体现出它们对干酪根 TF_t 和 R_o 区间相关性的影响。这种方法模拟了较快或较慢干酪根动力学参数（相对于标准动力学参数 $E = 218 \ \mathrm{kJ/mol}$ 和 $\ln A = 61.56 \mathrm{Ma}^{-1}$ 而言）对干酪根烃类转化因子（TF_t）的影响。本章的后续小节将会进一步评估运用不同的干酪根动力学参数参与式（5.11）和式（5.12）计算的情况。

5.8　全球已知页岩的干酪根动力学参数范围

常规地球化学分析和热解测试（尤其是岩石热解）被广泛地运用于包括生烃潜力评价在内的页岩表征。尽管如此，近些年来，页岩表征的目的已经超出了评价页岩烃源岩生成烃类并进入到常规（孔渗）储层的范畴。尽管基础的油气地球化学分析技术（McCarthy et al.，2011）和生烃潜力评价分析方法仍然有效，但现今人们开始更加关注相对独立（自生自储）的非常规含油气系统的评价。这一转变使得理解页岩中干酪根独特的反应动力学特征变得更为重要，因其可以帮助我们更好地表征页岩的生烃能力（Wood，2017）。

图 5.6 列举了一系列已发表的不同类型干酪根的 $\ln A$ 和 E 等动力学参数。和图 5.3（Wood，1988）中的线性趋势相似，该图也是基于已发表的热解数据，包括美国 Wood ford 和 Phosphoria Retort 页岩（Lewan，1985）及全世界的I型、II型和III型干酪根的分析数据（Tissot and Espitalié，1975；Tissot and Welte，1978）。Ungerer（1990）定义的线性趋势是基于 IFP 对当时世界各地大量Ⅰ型、Ⅱ型和Ⅲ型干酪根的分析数据（最初成图时使用的是实验室时间尺度，单位为秒）。Peters 等（2015）的数据来自对两个样品（英国Ⅱ型干酪根组成的 Kimmeridge 黏土；美国加利福尼亚富硫的Ⅱ$_\text{s}$型干酪根组成的蒙特雷页岩）使用不同升温速率进行详细热解分析的结果。蒙特雷页岩样品的 E 分布在 197 ~ 234 kJ/mol（平均 210 kJ/mol）；Kimmeridge 黏土样品的 E 分布在 206 ~ 254 kJ/mol（平均 228 kJ/mol），所有样品都接近图 5.6 中 Wood（1988）和 Ungerer（1990）建立的趋势线。

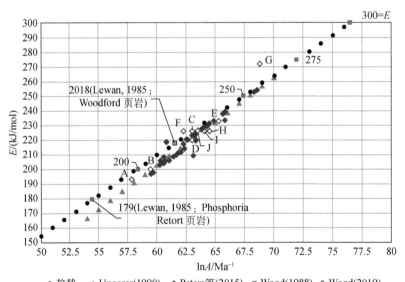

图 5.6　已发表的干酪根样品的阿伦尼乌斯反应动力学参数，横坐标对应的时间尺度是百万年
这一分布趋势来自 Wood（1988），在图 5.3 中已有展示，数据的来源和分布地点见正文

图 5.6 中标记为 A-J 的已发表样品来自不同的地点，Wood（2019）对其进行了总结。这些样品的 S2 峰谱图至少使用了 3 种不同的升温速率（基于动力学模拟的需要）。

这些样品如下。

A. 平凉组干酪根（PL-M-O2p，海相页岩，样品取自中国鄂尔多斯盆地中奥陶统的露头）（Liao et al.，2018）。

B. 延长组干酪根（YC-L，湖相页岩，样品取自中国鄂尔多斯盆地 Zheng-8 井上三叠统岩心）（Liao et al.，2018）。

C. 绿河组 APP2 干酪根（Reynolds and Burnham，1995）。

D. 来自挪威北海北部上侏罗统 Draupne 组 Kimmeridge 黏土的干酪根（Reynolds and Burnham，1995）。

E. 来自美国蒙大拿州 Retort Mountain 采石场的下二叠统 Phosphoria Retort 页岩的干酪根（Reynolds and Burnham，1995）。

F. 美国加利福尼亚圣巴巴拉–文图拉（Santa Barbara-Ventura）盆地井下的中新统 Elwood-composite Monterey 组页岩样品（Reynolds et al.，1995）。

G. 美国加利福尼亚圣巴巴拉郡中新统 Naples Beach Monterey 组露头样品（8.88% S）（Reynolds et al.，1995）。

H. 美国加利福尼亚 Bel Air 的洛杉矶盆地中新统露头样品（6.16% S）（Reynolds et al.，1995）。

I. 加拿大艾伯塔西加拿大盆地三叠系 Montney 组 172208 号页岩样品（未成熟，R_o = 0.59%）（Romero-Sarmiento et al.，2016）。

J. 加拿大艾伯塔西加拿大盆地三叠系 Doig 组 73182 号页岩样品（早成熟，R_o = 0.71%）（Romero-Sarmiento et al.，2016）。

对于图 5.6 中展示的样品而言，很重要的一点是它们都来自全球富油气盆地，是过去50 年间，不同研究团队在不同实验室研究分析得到的结果。这些样品在图 5.6 中的分布必然包含了分析误差。但令人惊讶的是，它们都十分接近 Wood（1988）所定义的趋势线，并且用于计算 $\sum TTI_{ARR}$ 的动力学参数值（E = 218 kJ/mol；$\ln A$ = 61.56 Ma^{-1}）恰好位于上述所有发表数据的中心位置。今后，结合来自全球更多的干酪根动力学参数无疑会进一步改进上述动力学趋势线，但上述趋势线已经为准确地定量分析干酪根生烃潜力和成熟度打下了坚实的基础。

这些数据还说明并不是干酪根类型（如 I 型、II 型、III 型和 IV 型干酪根）决定了页岩在哪一时间和哪一温度开始生烃，更多的是页岩有机质中干酪根的平均反应动力学特性在发挥作用。因此，要评价常规页岩烃源岩或非常规页岩油气藏，尽可能获得准确的动力学参数是至关重要的。

5.9　利用多种升温速率的热解 S2 峰确定干酪根动力学分布特征

干酪根的反应动力学分布通常用活化能（E）和指前因子（A）来表示。这些 E-A 值是通过 3 个或 3 个以上升温速率条件下的热解（特别是热解 S2 峰）实验来测定的。目前广泛采用的方法是在固定 A 值（在实验室时间尺度内以 s^{-1} 或 min^{-1} 表示）的前提下，找出不同升温速率下和热解 S2 峰组匹配关系最好的 E 值分布范围（Peters et al.，2015）。Wood（2019）对这种固定 A 值的方法提出了质疑，因为随机设定 A 值会导致分析得到的干酪根样品的 E 值在其分布区间内无序分布，这不符合已发现的干酪根总体的 E-A 趋势（图5.6）。虽然通过使用变化的 E 和 A 值来获得动力学分布涉及更复杂的拟合算法，但可以在特定干酪根的 E-A 分布区间实现更好的拟合，并且和经过几十年考验的更加符合实际的干酪根平均 E-A 动力学分布趋势相符合（Wood，2019）。

基于一系列 E-A 数据组，使用式（5.4）（用 $\sum TTI_{ARR}$ 值确定反应增量）和式（5.11）（用 TF_i 确定与反应相关的转化率）对计算过程进行优化，可以很容易地精确拟合多升温速率热解 S2 峰（归一化为 0~1）及相关的转化率曲线（累积值为 0~1）。当温度为 250~700℃，温度间隔为 1℃ 时，这项拟合工作是有效的。这种多升温速率条件下热解数据的拟合需要两个步骤（Wood，2019）。第一步是将优化器［式（5.4）］应用于 3 条或更多待拟合的多升温速率热解曲线中和 S2 峰值温度（不是 T_{max}）匹配最准确的一组 E-A 值。第二步是进一步优化该 E-A 值，使 S2 曲线/转化率曲线的形状得到更好的拟合。优化器最多可以确定 11 组能使曲线达到最佳拟合的不同的反应动力学（E-A 值），并可自由选择任何可以实现该目的的最佳 E-A 组合（不像传统方法那样受单一固定 A 值的约束）。

图 5.7 展示了一个利用上文描述的可变 E-A 法拟合 S2 峰和转化率曲线的实例，样品（编号 172208，未成熟，R_o＝0.59%）来自加拿大艾伯塔西加拿大盆地（Romero-Sarmiento et al.，2016）。该样品已在图 5.6 中被标为样品 I。不难发现最优解几乎和实验曲线完全重合（优化器达成最佳拟合时均方差为 6.39×10^{-1}），且升温速率为 5℃/min 和 25℃/min 时也是如此（Wood，2019）。反应动力学分布的加权平均值是 E＝227.76 kJ/mol，$\ln A$＝64.23 Ma^{-1}，和该样品已发表的动力学数据（即 E＝226 kJ/mol，$\ln A$＝64 Ma^{-1}）接近（Romero-Sarmiento et al.，2016）。

图 5.7 所示的拟合最佳的干酪根动力学分布见表 5.3 的左半部分所示。表 5.3 的右半部分同样还罗列了使用固定 A 值所获得的最优干酪根动力学拟合结果。尽管在该实例中利用两种不同方法得到的平均干酪根动力学参数分布特征相似，但情况却并不总是这样［见Wood（2019）文献中的表 4 和表 5］。此外，当分别将这两种完整的动力学分布运用于某一页岩地层的埋藏史和热演化史模拟时，所求出的过去不同时间的生烃转化率是不同的。

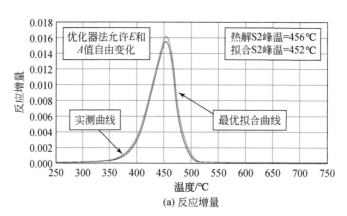

(a) 反应增量

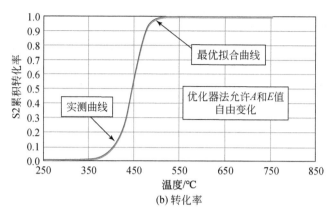

图 5.7　据 Romero-Sarmiento 等（2016）数据数字化得到的样品 I 的反应增量和转化率
升温速率为 15℃/min 并采用 Wood（2019）提出的最优化法进行拟合

表 5.3　*E-A* 干酪根动力学反应分布在 3 种不同升温速率下对样品 I 的最佳拟合

11 组达到最优拟合的干酪根动力学参数	不同升温速率热解曲线和可变 *E-A* 分布拟合			不同升温速率热解曲线和固定 *E-A* 分布拟合		
	E/（kJ/mol）	$\ln A$/Ma^{-1}	选择的转化率（f）	E/（kJ/mol）	$\ln A$/Ma^{-1}	选择的转化率（f）
KC#1	208.39	58.99	0.0008	214.97	64.54	0.0659
KC#2	222.00	63.24	0.3500	220.17	64.54	0.0012
KC#3	227.43	64.11	0.1286	226.91	64.54	0.3312
KC#4	228.01	64.44	0.3542	229.00	64.54	0.3500
KC#5	228.13	62.74	0.0570	229.81	64.54	0.0061
KC#6	234.61	69.02	0.0214	231.72	64.54	0.0013
KC#7	237.28	66.41	0.0710	232.02	64.54	0.0005
KC#8	241.73	61.04	0.0008	232.26	64.54	0.0982
KC#9	267.50	65.45	0.0029	235.17	64.54	0.0672
KC#10	281.42	67.56	0.0035	239.22	64.54	0.0633
KC#11	312.59	75.57	0.0098	250.65	64.54	0.0150
总转化率（F）			1.0000			1.0000
最大权重（众数）	228.01	64.44		229.00	64.54	
加权平均分布	227.76	64.23		229.09	64.54	
均方根拟合误差		0.6391			0.6576	

　　注：左侧的最优化拟合结果允许有可变的 *E* 和 *A* 值，而右侧则使用固定 *A* 值来匹配 S2 峰温度。在表左侧使用 15℃/min 升温速率的拟合曲线如图 5.7 所示。

　　以本节所述的方法拟合多升温速率热解曲线（在 3 种或 3 种以上升温速率下）可以切实提高干酪根动力学参数的可靠性，其误差取决于所选 *E-A* 值的均方根误差。通常，干酪根的动力学分布范围较窄，因此可以很好地拟合多升温速率热解曲线数据。对于单升温速率热解曲线而言，情况则并非如此，因为会有多种动力学分布可满足其拟合（Wood，2019）。Waples（2016）指出通过单升温速率热解数据可以获得足够的干酪根动力学信息。然而，前述基于优化器的拟合法充分说明这种说法并不成立。

热解 S2 峰的拟合表明只有很少的动力学反应分布可以准确地（如达到图 5.7 所展示的程度）拟合一个样品在 3 个或 3 个以上升温速率下的 S2 峰组合。但是，如果在拟合 S2 曲线的过程中 E-A 值可变且不受限制，就可以找到多种潜在的解决方案（E-A 组合）。因此，利用单升温速率热解数据来获得准确的动力学分布是不现实的。基于图 5.6 中所展示的实测干酪根 E-A 分布，多升温速率动力学分布越接近确定的 E-A 趋势，就越有可能代表在特定页岩热演化过程中占主导的动力学反应特征。

尽管使用单一的干酪根动力学参数（即 $E=218$ kJ/mol；$\ln A=61.56\rm Ma^{-1}$）来模拟页岩的热演化程度并将其和镜质组反射率相联系是可行的，但页岩的典型热解 S2 峰形态却反映出其可能来自一系列反应（即多个 E-A 值）。这一系列反应共同决定了页岩在特定温度下转化成烃类的速率和程度。在一套干酪根类型均一的页岩中，可以认为随着页岩的热成熟，一系列一级化学反应对烃类（许多单个碳氢化合物分子组成的复杂混合物）生成做出了贡献，并使干酪根中的碳氢化合物分子形成各种化学键（如 C—C，C =C，C—H，C—S）。对于由两种或两种以上干酪根组成的页岩而言，其化学反应的数量和动力学分布可能会更加复杂，反映出可能有更多的烃类分子和化学反应牵涉其中。这种情况下，热演化过程的模拟应使用可变的 E-A 参数。

5.10　含混合型干酪根页岩的动力学特征及其对烃类转化的影响

将一系列 E-A 值运用于阿伦尼乌斯公式就可以模拟烃类转化的时间–温度变化过程（受控于埋藏史和热演化史），进而反映单一类型干酪根或两类及以上混合型干酪根的动力学特征。Wood（2018b）指出这项模拟工作如果在地质时间尺度（$\rm Ma^{-1}$）和实验室时间尺度（$\rm s^{-1}$或 $\rm min^{-1}$）分别进行对比可获得更丰富的信息。受模拟中使用的 E-A 值控制，单一类型干酪根或混合型干酪根可以拟合得到不同形态的 S2 峰和累积转化率曲线。对这些模拟曲线的详细分析证实根据这些转化率曲线的特征（例如最大转化率梯度和在 1℃ 的温度间隔下与最大转化率梯度对应的温度；转化率在 10% ~ 90% 的平均转化率梯度，以及转化率为 10% ~ 90% 对应的温度等）足以区分单一动力学页岩（仅含一组 E-A 值）和混合动力学页岩（含两组或两种以上 E-A 值）的转化率曲线。此外，这些参数可以区分地质时间尺度和实验室时间尺度的转化率曲线。图 5.8 展示了在交会图中，上述参数如何区分地质时间尺度和升温速率更快的实验室时间尺度下的混合反应和单一反应。

图 5.8 中用于分析的干酪根反应动力学参数来自图 5.3 定义的 E-A 趋势线，图中仅展示了以 kJ/mol 为单位的 E 值。参与 3 个反应（图 5.8 上部中心位置）的混合物的混合比例为 20%：60%：20%。例如，标记为 E180 ~ E200 的三反应混合物表示 20% E180：60% E190：20% E200 的混合比例。这种比例关系可以在实验室时间尺度区分混合型干酪根（通常表现为较宽的 S2 峰和较为平坦的转化率曲线）和单一干酪根（通常表现为较窄

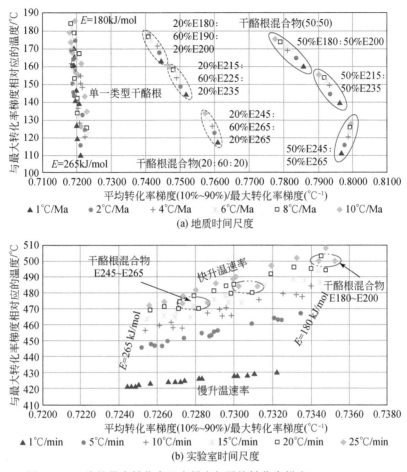

图 5.8　S2 峰的最大转化率温度梯度与平均转化率梯度（10% ~90%）

和最大转化率梯度（℃⁻¹）比值的交会图

图中展示了在地质时间尺度和实验室时间尺度，使用一系列升温速率、
干酪根动力学参数和反应混合物时获得的结果（Wood，2018b）

的 S2 峰和较陡的转化率曲线）。因此，这些指标或可更精确地确定含混合干酪根页岩随时间和温度变化发生的生烃转化过程。

这类分析可以帮助我们在页岩层系中或在一定深度范围内识别具有高勘探潜力的非常规油气（"甜点"）。一旦确定了（单一或混合型）干酪根的动力学参数，就可以计算最大转化率梯度和与之相关的温度。此后，依据这些信息就可以将油气开发工作聚焦在（现今或古代）较窄的温度区间和/或地质时间尺度内较窄的埋深区间。这种深度和温度区间将随干酪根动力学、页岩地层的埋藏历史和地温梯度（随时间影响页岩）的变化而变化。利用实验室时间尺度确定的 E-A 数据，对根据页岩和/或干酪根热解 S2 峰得到的转化率曲线进行详细的刻画，可以帮助我们定义那些通过热解实验从实验室时间尺度反推到地质时间尺度的关键参数，并应用于油气的勘探开发。

5.11　高成熟页岩中热解 S2 峰可能的非动力学贡献及其对干酪根孔隙演化的影响

从页岩多升温速率热解实验中获取的大部分动力学信息都是基于未成熟或低成熟（如 $R_o<0.7\%$）页岩开展的。这是由于成熟页岩的热解曲线，尤其是 S2 曲线解释起来比较困难，而且常常存在异常。这些热成熟的页岩样品通常表现出更宽的 S2 峰和更平缓的转化率曲线。

热成熟页岩中可能含有烃类流体，尤其是在热演化早期阶段生成的天然气。其中一部分流体可能赋存于干酪根中的纳米孔。这些流体可能不会在 S0 到 S1 之间的升温过程中被释放，而只会在 S2 峰热解升温过程对应的温度区间内以气体的形式从样品中释放出来。在该温度区间，气体的膨胀足以突破那些纳米孔隙的束缚。很明显，该过程并不是一个一级化学反应，而是达到一定温度时，气体压力增加导致页岩物理结构发生变化。这就可以解释成熟页岩样品的 S2 峰为什么会更宽。如果这种解释是正确的，那么它就可以用来评价成熟页岩层中潜在的页岩气潜力。

页岩中干酪根具有复杂的微观结构（Yang et al.，2016），随着成熟度的增加，这些结构会进一步的演化和发展。通过对一些地区热成熟页岩的研究发现，相较于未成熟样品，热成熟页岩的纳米孔（直径<1 nm）更大，微孔（< 2 nm）和中孔（50 nm）网络更发育（Chalmers et al.，2009，2012；Clarkson et al.，2013；Wood and Hazra，2017）。

除和干酪根向烃类流体转化有关的一级化学反应外，影响页岩结构和二级化学反应的各种过程似乎还可能影响成熟页岩样品的热解 S2 峰形态。对于在几千万年前就已达到成熟度峰值的页岩（如一些印度二叠系拉尼根杰页岩）而言，这种情况尤其明显（Wood and Hazra，2018）。图 5.9 解释了随着成熟度的增加，化学反应和孔隙发育过程如何系统性地演化，并最终决定（至少是一部分）页岩的热解 S2 峰形态（如图 5.9 中右下角的热解 S2 峰）。

未成熟页岩热解 S2 峰和阿伦尼乌斯公式（如 $\sum TTI_{ARR}$）表示的一级动力学反应的联系更加紧密。对于单一类型干酪根而言，这些反应更可能受控于一个单一或范围较窄的 E-A 反应动力学。因此，它们生成的热解 S2 峰在对应温度分布区间可能较窄且对称。对于混合型干酪根组成的未成熟页岩而言，生成的热解 S2 峰更宽且不对称。如果混合型干酪根具有十分特殊的 E-A 动力学特征，且至少有两种类型占相当比例，那么在对应温度分布区间内它们的热解 S2 峰可能会是双峰形甚至是多峰形的。如果页岩中一种干酪根类型占主导，而其他类型数量少但又十分重要，则热解 S2 峰可能左侧抑或右侧面积会变大，具体取决于页岩中主要和次要干酪根的相对 E-A 值。Wood 和 Hazra（2018）略有夸张地解释了拉尼根杰盆地一个二叠系成熟页岩样品的 S2 峰右侧峰形（如图 5.9 中右上角的 S2 峰图解所示）。

随着成熟度的增加，页岩或干酪根中的其他组分也会对生烃动力学反应产生影响，可能是加快也可能是减缓化学反应。Lewan（1985）指出某些干酪根中的硫会改变其反应动力学。较老的页岩地层在数百万年间暴露在高温流体下，可能使干酪根和各类微量元素、

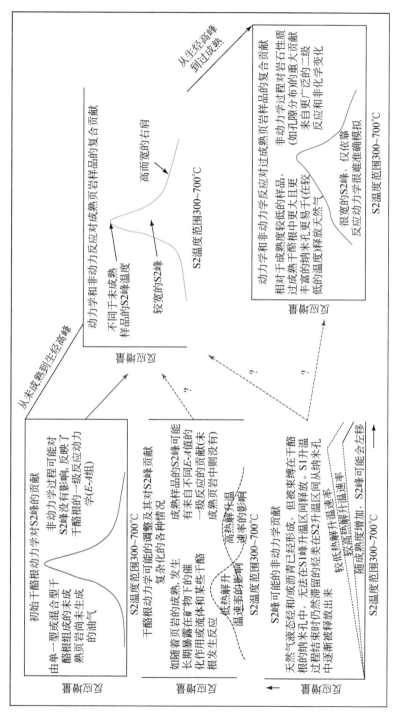

图 5.9　未成熟—过成熟页岩热解S2谱峰特征的图解，强调了与之相关的一级动力学反应、二级反应和其他非动力过程

金属发生接触，导致对干酪根的反应动力学产生催化作用。一些页岩（如印度的拉尼根杰页岩）富含大量惰质组（Ⅳ型干酪根，主要由木炭化石和焚烧后的木质碎片构成），特别是木炭，在一些特定情况下也可以作为催化剂载体（Larson and Walton，1940；Juntgen，1986；Trogadas et al.，2014），进而加速一些与之接触的Ⅲ型干酪根或其他类型干酪根的化学反应。

参 考 文 献

Arrhenius S（1889）Über die Reaktionsgeschwindigkeit bei der Inversion von Rohrzucker durch Säuren. Z Phys Chem 4：226-248

Chalmers G，Bustin RM，Power I（2009）A pore by any other name would be as small：the importance of meso- and microporosity in shale gas capacity. In：AAPG annual convention and exhibition, Denver, Colorado, p 1

Chalmers GR，Bustin RM，Power IM（2012）Characterization of gas shale pore systems by porosimetry, pycnometry, surface area, and field emission scanning electron microscopy/transmission electron microscopy image analyses：examples from the Barnett, Woodford, Haynesville, Marcellus, and Doig units. AAPG Bull 96：1099-1119

Chen Z，Liu X，Guo Q，Jiang C，Mort A（2017）Inversion of source rock hydrocarbon generation kinetics from Rock-Eval data. Fuel 194：91-101

Clarkson CR，Solano N，Bustin RM，Bustin AMM，Chalmers GRL，He L，Melnichenko YB，Radliski AP，Blach TP（2013）Pore structure characterization of North American shale gas reservoir using USANS/SANS, gas adsorption, and mercury intrusion. Fuel 103：606-616

Cokar M，Ford B，Kallos MS，Gates ID（2013）New gas material balance to quantify biogenic gas generation rates from shallow organic-matter-rich shales. Fuel 104：443-451

Cornford C（2009）Source rocks and hydrocarbons of the North Sea, Chapter 11 In：Glennie KW（ed）Petroleum geology of the North Sea：basic concepts and recent advances, 4th edn, pp 376-462

Dieckmann V（2005）Modelling petroleum formation from heterogeneous source rocks：the influence of frequency factors on activation energy distribution and geological prediction. Mar Pet Geol 22：375-390

Donelick RA，O'Sullivan PB，Ketcham RA（2005）Apatite Fission-Track Analysis. Rev Mineral Geochem 58：49-94

Espitalié J，Laporte JL，Madec M，Marquis F，Leplat P，Pauletand J，Boutefeu A（1977）Methoderapide de caracterisation des roches meres, de leur potential petrolier et de leudegred'evolution. Inst Fr Pét 32：23-42

He S，Middleton M（2002）Heat flow and thermal maturity modelling in the Northern Carnarvon Basin, North west Shelf, Australia. Mar Pet Geol 19：1073-1088

Huntsberger TL，Lerche I（1987）Determination of paleo heat-flux from fission scar tracks in apatite. J Pet Geol 10（4）：365-394. https：//doi. org/10. 1111/j. 1747-5457. 1987. tb00580. x

Jarvie DM（2014）Components and processes affecting producibility and commerciality of shaleresource systems. Geologica Acta 12（4）：307-325，Alago Special Publication. https：//doi. org/10. 1344/geologica Acta 2014. 15. 3

Juntgen H（1986）Activated carbon as a catalyst support：a review of new research results. Fuel 65：1436-1446

Larson EC，Walton JH（1940）Activated carbon as a catalyst in certain oxidation-reduction reactions. J Phys Chem 44（1）：70-85. https：//doi. org/10. 1021/j150397a009

Larter S（1989）Chemical modelling of vitrinite reflectance evolution. Geol Rundsch 78：349-359

Lewan MD（1985）Evaluation of petroleum generation by hydrous pyrolysis experimentation. Philos Trans R Soc Lond Ser A 315：123-134

Liao L，Wang Y，Chen C，Shi S，Deng R（2018）Kinetic study of marine and lacustrine shale grains using Rock-Eval pyrolysis：implications to hydrocarbon generation，retention and expulsion. Mar Pet Geol 89：164-173

Lopatin NV（1971）Temperature and geologic time as factors in coalification（in Russian）. Akademiya Nauk SSSR Izvestiya，Seriya Geologicheskaya 3：95-106

McCarthy KR，Niemann M，Palmowski D，Peters K，Stankiewicz A（2011）Basic petroleum geochemistry for source rock evaluation. Schlumberger Oilfield Rev（Summer 2011）：32-43

Mohamed AY，Whiteman AJ，Archer SG，Bowden SA（2016）Thermal modelling of the Melut basin Sudan and South Sudan：implications for hydrocarbon generation and migration. Mar Pet Geol 77：746-762

Nielsen SB，Barth T（1991）Vitrinite reflectance：comments on "A chemical kinetic model of vitrinite maturation and reflectance" by Alan K. Burnham and Jerry J. Sweeney. Geochim Cosmochim Acta 55：639-641

Nunn JA，Sleep NH，Moore WE（1984）Thermal subsidence and generation of hydrocarbons in Michigan basin. AAPG Bull 68：296-315

Pepper AS，Corvi PJ（1995）Simple kinetic models of petroleum formation：part I—oil and gas generation from kerogen. Mar Pet Geol 12：291-319

Peters KE，Burnham AK，Walters CC（2015）Petroleum generation kinetics：single versus multiple heating-ramp open-system pyrolysis. AAPG Bull 99（4）：591-616

Reynolds JG，Burnham AK（1995）Comparison of kinetic analyses of source rocks and kerogen concentrates. Org Geochem 23（1）：11-19

Reynolds JG，Burnham AK，Mitchell TO（1995）Kinetic analysis of California petroleum source rocks by programmed temperature micropyrolysis. Org Geochem 23（2）：109-120

Rice DD，Claypool GE（1981）Generation，accumulation，and resource potential of biogenic gas. AAPG Bull 65：5-25

Romero-Sarmiento MF，Euzen T，Rohais S，Jiang C，Littke R（2016）Artificial thermal maturation of source rocks at different thermal maturity levels：application to the Triassic Montney and Doig formations in the Western Canada Sedimentary Basin. Org Geochem 97：148-162

Schneider F，Dubille M，Montadert L（2016）Modeling of microbial gas generation：application to the eastern Mediterranean "Biogenic Play". Geol Acta 14（4）：403-417

Shurr GW，Ridgley JL（2002）Unconventional shallow biogenic gas systems. AAPG Bull 86（11）：1939-1969

Stainforth JG（2009）Practical kinetic modeling of petroleum generation and expulsion. Mar Pet Geol 26：552-572

Sweeney JJ，Burnham AK（1990）Evaluation of a simple model of vitrinite reflectance based on chemical kinetics. AAPG Bull 74（10）：1559-1570

Tissot BP，Espitalié J（1975）L'evolution thermique de la matiere organique des sediments：applications d'une simulation mathematizue. Revue de l'Institut Français du Petrole 30：743-778

Tissot BP，Welte DH（1978）Petroleum formation and occurrence：a new approach to oil and gas exploration. Springer-Verlag，Berlin，Heidelberg，New York

Trogadas P，Fuller TF，Strasser P（2014）Carbon as catalyst and support for electrochemical energy conversion. Carbon 75：5-42

Ungerer P（1990）State of the art of research in kinetic modelling of oil formation and expulsion. In：Durand B，Behar F（eds）Proceedings of the 14th international meeting on organic geochemistry，Paris，France，18-22

Sept 1989. Org Geochem 16: 1-25

Waples DW (1980) Time and temperature in petroleum generation and application of Lopatin's technique to petroleum exploration. AAPG Bull 64: 916-926

Waples DW (2016) Petroleum generation kinetics: single versus multiple heating-ramp open-system pyrolysis. Discussion. AAPG Bull 100: 683-689

Whiticar MJ (1994) Correlation of Natural gases with their sources. In Magoon J, Dow WG (eds) The petroleum system—from source to trap. American Association of Petroleum Geologists, Memoir, vol 60, pp 261-283

Wood DA (1988) Relationships between thermal maturity indices of Arrhenius and Lopatin methods: implications for petroleum exploration. AAPG Bull 72: 115-135

Wood DA (2017) Re-establishing the merits of thermal maturity and petroleum generation multidimensional modelling with an Arrhenius equation using a single activation energy. J Earth Sci 28 (5): 804-834. https://doi. org/10. 1007/s12583-017-0735-7

Wood DA (2018a) Thermal maturity and burial history modelling of shale is enhanced by use of Arrhenius time-temperature index and memetic optimizer. Petroleum 4: 25-42

Wood DA (2018b) Kerogen conversion and thermal maturity modelling of petroleum generation: integrated analysis applying relevant kerogen kinetics. Mar Pet Geol 89: 313- 329. https://doi. org/10. 1016/j. marpetgeo. 2017. 10. 003

Wood DA (2019) Establishing credible reaction-kinetics distributions to fit and explain multi-heating rate S2 pyrolysis peaks of kerogens and shales. Adv Geo-Energy Res 3 (1): 1- 28. https://doi. org/10. 26804/ager. 2019. 01. 01

Wood DA, Hazra B (2017) Characterization of organic-rich shales for petroleum exploration & exploitation: a review- part 2: geochemistry, thermal maturity, isotopes and biomarkers. J Earth Sci 28 (5): 758-778

Wood DA, Hazra B (2018) Pyrolysis S2 – peak characteristics of Raniganj shales (India) reflect complex combinations of kerogen kinetics and other processes related to different levels of thermal maturity. Adv Geo-Energy Res 2 (4): 343-368. https://doi. org/10. 26804/ager. 2018. 04. 01

Yang H, Zhang Y, Ma D, Wen B, Yu S, Xu Z, Qi X (2012) Integrated geophysical studies on the distribution of Quaternary biogenic gases in the Qaidam Basin, NW China. Pet Explor Dev 39 (1): 33-42

Yang R, He S, Li T, Yang X, Hu Q (2016) Origin of over-pressure in clastic rocks in Yuanba area, northeast Sichuan Basin, China. J Nat Gas Sci Eng 30: 90-105

Yang R, He S, Hu Q, Hu D, Yi J (2017) Geochemical characteristics and origin of natural gas from Wufeng-Longmaxi shales of the Fuling gas field, Sichuan Basin (China) . Int J Coal Geol 171: 1-11

第6章 生物标志化合物与稳定同位素

6.1 概　　述

在过去的 10 年，页岩气的崛起使得富含天然气的非常规页岩烃源岩和储集岩被确定为新的独立矿种。为了解高产（潜在）含气页岩系统的形成，人们在全球范围内掀起了重新评价常规含油气系统和（热）成熟富有机质页岩的热潮。有机质是油气生成的物质基础，其在地下最终会发生热裂解并生成天然气，故有机质丰度、品质和成熟度成为页岩烃源岩和储集岩最为重要的属性。在页岩油气藏这一源储一体型含油气系统的形成过程中，有机质的来源、沉积环境及成熟度起了关键作用，它们直接决定了页岩的属性和演化。

沉积有机质主要由碳氢化合物组成，仅含少量非烃化合物，如含氮、含硫和含氧化合物等。因此，有机质的特征取决于岩石中碳的富集过程和赋存方式。有机质伴随沉积物沉积，但受保存条件的制约，最终既可能形成富有机质的岩相也可能形成贫有机质的岩相。全球绝大多数的碳元素埋藏于沉积岩中，其中多数以无机形式的碳酸盐存在（约82%），其余则以有机碳的形式存在（约18%）。在全球的碳循环中，含碳化合物会从一个碳储库转移至另一个，但碳的氧化-还原或有机（CO_2、HCO_3^-）-无机（$C_6H_{12}O_6$、CH_4）之间的转化始终维持着动态的平衡。无论是短期或地质时间尺度，碳储库内持续发生着碳的固定和类型转变，储库之间则持续进行着碳的物理和化学交换。

6.2　页岩烃源岩中的有机碳

TOC 主要由天然生物大分子的成岩产物组成。其中，天然生物大分子由有机体合成，包括蛋白质、碳水化合物、类脂化合物和木质素等。在新近埋藏的浅层沉积物中，成岩作用通常生成数量差异悬殊的两类重要有机组分：一类是有机质的主体——干酪根；另一类是类脂化合物（自由分子），包括碳氢化合物及其他化合物（Tissot et al.，1984）。干酪根在总有机碳中占80%~90%，其在持续的深埋过程中将经历一系列的物理和化学变化，先后经历成岩作用阶段、深成作用阶段和变质作用阶段，同时生成液态或气态烃（图6.1）。

沉积有机质中，由活有机体天然合成的类脂化合物占10%~20%。类脂化合物主要由碳数大于15的烃类同系物组成，它们是 TOC 中沥青的重要组分，由于具有可识别的生物

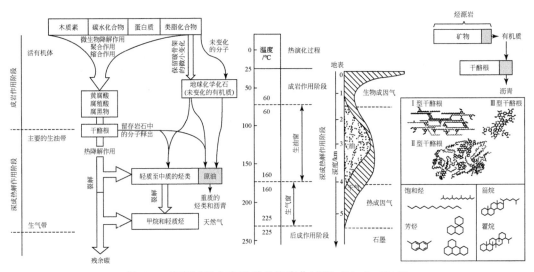

图 6.1　埋藏过程中有机质的热演化过程（Mani，2019）

和化学结构，通常称为生物标志化合物（Tissot et al.，1984；Hunt，1996）。尽管生物标志化合物在 TOC 中仅占很小一部分，但由于其碳骨架在成岩演化过程中仅发生了细微的变化，因此往往蕴藏着关于有机质沉积与保存的重要信息。

　　有机质的母质来源、稳定性和活性等决定了有机碳的沉积、保存及其作为页岩烃源岩的热演化。开展干酪根、生物标志化合物和同位素研究有助于全面分析有机碳的来源、形成过程、保存和演化等。沉积有机质中的干酪根和生物标志化合物是分析有机质来源、演化及沉积环境与保存条件的重要指标。干酪根的元素组成及 C、H、O 的含量既是区分湖相、海相和陆相有机质的重要指标，也是评价有机质成熟度的重要参数。除了有助于分析有机质的来源、沉积环境和成熟度，生物标志化合物对于含油气系统的油-源对比也有重要意义。源自早期活有机体的生物标志化合物具有高度的分类学差异，这有助于重建地史时期的生物多样性（Brocks and Summons，2003）。根据同位素的比值可计算出不同来源有机组分的含量，据此可分析页岩烃源岩的沉积和演化过程。

　　由于丰度很低，要对沉积物中有机碳的含量和组分进行检测极具挑战，尤其是生物标志化合物。由于来源、稳定性和活性等方面差异悬殊，通常采用不同的定性和定量分析技术来分离和研究干酪根和生物标志化合物（图 6.2）。

　　基于现有的常规地球化学分析技术，本章重点阐述生物标志化合物的成因、在页岩烃源岩和储集岩中的赋存状态，在持续深埋过程中的演化、同位素特征，以及与之关联的反映有机质来源、沉积环境和成熟度的指标。

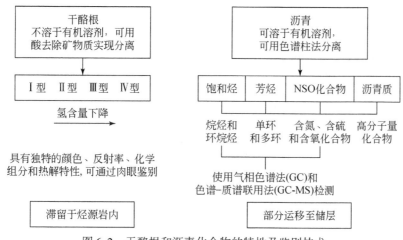

图 6.2　干酪根和沥青化合物的特性及鉴别技术

6.3　生物标志化合物

　　生物标志化合物是结构复杂的有机分子化石，通常也称为地球化学化石。若热演化程度不高，烃类生物标志化合物可在保存完整的沉积岩中稳定封存达数十亿年（Hallmann et al.，2011）。生物标志化合物的前驱物是活有机体在特定生理过程中发生生化作用形成的天然产物，以类脂化合物为主要成分，虽然来源有限，但类型多样。

　　生物标志化合物不仅记录着古代生物的生态环境、营养链和多样性等信息，还蕴藏着元素的循环、沉积物和水体的化学条件、氧化还原条件及热演化过程等信息（Brocks and Summons，2003；Peters et al.，2005）。沉积物中的生物标志化合物通常具有很强的抗地球化学降解能力，而且易于检测识别，这使其成为古环境重建的重要研究内容（Hallmann et al.，2011）。生物标志化合物（如甾烷和藿烷）可作为生源和环境判断指标的依据是：甾醇类化合物是真核生物细胞膜的重要组分，藿烷类化合物则是原核生物细胞类脂膜的重要组分，甾烷与藿烷含量的比值可反映烃源岩生烃母质中真核生物（生源为藻类和高等植物）和原核生物（生源为细菌）的相对含量（见后述）。

　　对页岩开展生物标志化合物研究也具有重要意义：一是有助于确定有机质的来源、沉积环境、埋藏环境、（地层和油气的）成熟度、生物降解程度等；二是可提供与页岩烃源岩的岩性、岩石矿物组分和地质年龄等相关的信息（Peters et al.，2005）。例如，在甾烷–藿烷含量交会图中，成熟度不同的一套生烃母质，其特征是数据散点呈线性分布；相反，成熟度不同的两套或多套烃源岩，由于生烃母质不同（含有不同的真核与原核生物组分），其数据散点通常没有线性关系（Hunt，1996）。

6.3.1　生物标志化合物的来源与保存

　　生物标志化合物的前驱物主要来源于不同类型的古生物。通常将古生物划分成三大类，即古细菌域、真细菌域（原核生物）和真核域（真核生物或高等生物）（图6.3）。原核生物包括单细胞的古细菌和真细菌（种类达数百万种），两者的区别在于生化特征和生存环境不同（Briggs and Summons，2014）。由于形态相对简单，原核生物的形态学分类有限。真核生物具有膜包裹的细胞核和复杂的细胞器，有特殊的生命功能，通常也依据形态学分类。常见的真核微生物包括藻类、原生动物和真菌（霉菌和酵母菌）。所有高级的多细胞生物都属于真核生物。

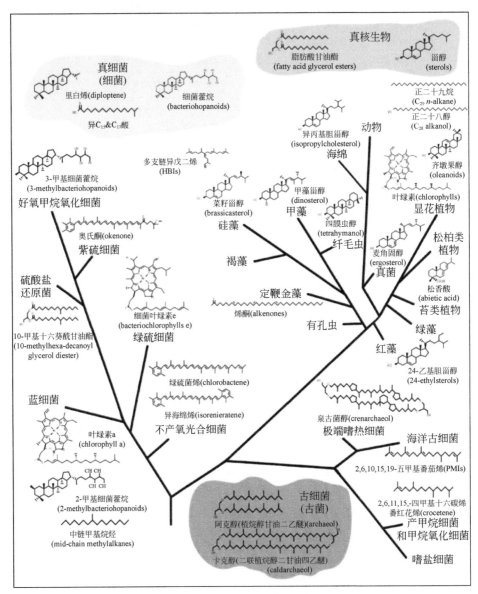

图6.3　三域系统对应的生物标志化合物树［据Briggs和Summons（2014）修改］

有机碳的保存率平均不足0.1%，主要受沉积及沉积期后的地质与地球化学条件控制。有利于有机质保存的条件包括：高的有机质生产率、来自河流与上升洋流的营养物质供给、水体和沉积物内较低的含氧量（如每升水含氧量<0.2 mL）、受限的水循环、稀少的生物扰动、细粒的沉积物（<2 μm）及适中的沉积速率等。

　　沉积物的粒度对有机质的富集和保存影响显著，原因有二：一是有机质易与流体动力学性能相似的泥级细颗粒相伴沉积；二是沉积于水体–沉积物界面之下的泥级细颗粒比砂级颗粒更易排出富氧的粒间水，从而形成有利于有机质保存的缺氧环境。通常认为黏土级沉积物最易黏结有机质，其次是碳酸盐颗粒，故细粒页岩的有机碳含量最高，其次是碳酸盐岩（Mani，2019）。因此，通常认为生物标志化合物主要保存于细粒的页岩和碳酸盐岩中。

　　有机质在沉积期后将经历一系列的物理和化学变化：生物聚合物（如碳水化合物、蛋白质等）将被迅速降解，稳定性高的类脂化合物等则在沉积物中富集，有机质的部分或全部官能团将发生脱除。经历氧化、还原、缩聚、重排、硫化和脱硫等反应后，多数类脂化合物和其他低分子量化合物将转化为一系列生物标志化合物分子（Tissot and Welte，1984），包括分子式相同的同分异构体（含立体异构体和结构异构体）。当温度上升至150~200℃，生物标志化合物会变得不稳定，伴随有机大分子的裂解生气，其浓度急剧下降，甚至完全消失（图6.4），这些变化通常要早于低变质绿片岩的形成。

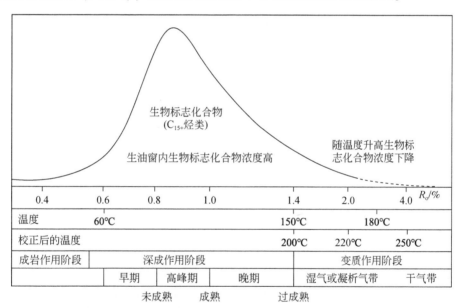

图 6.4　不同地温下生物标志化合物的分布［据 Brocks 和 Summons（2003）修改］

　　生物标志化合物通常可反映沉积物（沉积过程及沉积期后）发生化学反应的强度和速度，以及成岩环境的物理化学特征，包括氧化还原状态、pH、矿物表面催化位点的分布等；若经历深成作用，生物标志化合物的结构还可用于分析烃源岩的成熟度或排烃作用。

6.3.2　生物标志化合物分类

　　自元古代以来，生物标志化合物的形成途径主要有两种（Hunt，1996）：一是由2个碳原子构成的乙酸结构单元（CH_3COOH）在催化酶的作用下发生缩聚反应，该反应会形成长碳链，碳链的碳原子数为偶数，如 C_{12}、C_{14} 和 C_{16} 等；二是由 5 个碳原子构成的异戊二烯结构单元（2-甲基-1，3-丁二烯）发生聚合作用形成（图 6.4）。异戊二烯焦磷酸酯缩合反应的多次重复可形成多支链和多环的类异戊二烯，称为萜类化合物，其碳原子数是 5 的倍数，如 C_{10}、C_{15}、C_{20}、C_{25}、C_{30}、C_{35} 和 C_{40}（图 6.5）。两个单萜（含四个异戊二烯单元）连接后构成二萜，六个异戊二烯单元连接后则可能形成甾烷或三萜，具体取决于连接的样式。

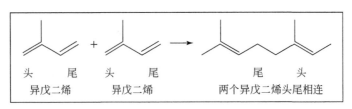

图 6.5　两个异戊二烯单元缩聚为一个单萜（C_{10}）（Hunt，1996）

本书根据特定化合物分子的结构、来源和分布将饱和烃（烷烃）类生物标志化合物分为两大类和 5 个亚类进行简要的阐述（图 6.6）。两大类分别为无环烷烃和环烷烃，5 个亚类分别为正构直链烷烃、异构支链烷烃、甾烷、萜烷类化合物（三萜烷和藿烷），以及三环和四环的萜类衍生物。除此之外，还简单介绍了芳烃类生物标志化合物。

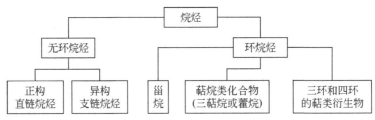

图 6.6　烷烃类生物标志化合物细分图

1. 饱和烃生物标志化合物

在埋藏成岩过程中，原始结构复杂的有机质分子经过一系列以共价键断裂为主的分解反应（包括重键断裂、支链开裂和官能团脱除等），最后会形成完全由碳—碳单键构成的化合物，即饱和的烷烃。烷烃系列生物标志化合物可划分成无环烷烃和环烷烃两大类，并进一步细分为正构直链烷烃、异构支链烷烃、甾烷、萜烷类化合物，以及三环和四环的萜类衍生物等 5 个亚类（图 6.6）。三环和四环的萜类衍生物虽然广泛存在于原油，但研究程度很低，故下文仅简要描述前 4 个亚类的烷烃生物标志化合物。

1）正构直链烷烃亚类

正构直链烷烃（如正十六烷）是所有非生物降解原油和成熟沥青中最丰富的碳氢化合物，其前驱物广泛存在于现存的生物体中，如细菌和藻类的体膜、微藻的藻胶鞘及维管植物碎屑的蜡（Brocks and Summons，2003）。

烷烃的生物合成过程非常有趣，有机体会调节有机分子碳链的长度及不饱和度。植物合成的正构烷烃，其碳链的碳数通常为奇数，只有极少部分为偶数（Hunt，1996）。例如，主要来源于海洋植物的 C_{15}-C_{21} 正构烷烃（液态）与主要来源于陆生植物的 C_{25}-C_{35} 正构烷烃（固态）都具有明显的奇数碳优势。因此，可对正构烷烃系列化合物组成和碳奇偶优势进行分类，并据此区分沉积环境（Mani，2019）。正构烷烃的奇偶优势通常使用碳奇偶优势指数（carbon preference index，CPI）来衡量，它是正构烷烃中奇数碳分子与偶数碳分子含量的比值（Tissot and Welte，1984）。CPI 除了受有机质来源的影响外，还受有机质成熟度的影响，未成熟沉积物的 CPI 偏高，介于 5 ~ 10，成熟页岩的 CPI 约为 1。

2）异构支链烷烃亚类

该亚类生物标志化合物主要指无环的类异戊二烯类烷烃，如植烷、姥鲛烷、降姥鲛烷、异十六烷和法呢烷等，以植烷和姥鲛烷最为常用。

姥鲛烷（Pr）和植烷（Ph）由叶绿素分子的植醇侧链降解生成，两者的比值（Pr/Ph）可指示沉积环境的氧化还原程度（图6.7）：Pr/Ph 偏高，但仍小于 3，指示沉积环境偏氧化状态，有机质类型主要为陆生高等植物，其在沉积保存之前遭受一定程度的氧化降解；Pr/Ph 偏低（<2）指示沉积环境是偏还原的水下环境，包括海洋、淡水和咸水环境；Pr/Ph 介于 2 ~ 4，指示沉积环境为河流-海洋过渡带或海岸沼泽环境；极高的 Pr/Ph（有时可高达 10）指示沉积环境为氧化的泥炭沼泽（Tissot and Welte，1984）。生物标志化合物若是低分子量的（C_{14}-C_{20}）支链（一个或多个）烷烃，通常指示沉积环境内微生物席发育，尤其是蓝细菌微生物席。

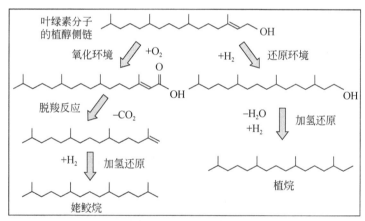

图 6.7　叶绿素分子植醇侧链降解形成的姥鲛烷和植烷，
可指示沉积环境的氧化还原程度（Peters et al.，2005）

3）甾烷亚类

甾族化合物的共同特征是含有一个四环的碳骨架，其中 D 环为五元环。不同于萜类化合物，甾族化合物及甾烷衍生物的合成不遵循异戊二烯法则，因为合成过程中的氧化和脱羧等反应破坏了前驱物角鲨烯分子原始的异戊二烯结构（Hunt，1996）。

活的有机体通常不含甾烷，但普遍含甾烷的前驱物——甾醇。例如，海洋活有机体普遍含 C_{26}-C_{30} 甾醇，其中 C_{27} 甾醇称为胆甾醇。胆甾醇是一种重要的甾醇，其自元古宙以来广泛存在于动物和植物的生命体中。因为含有 8 个不对称的碳中心，胆甾醇理论上具有高达 256 种立体异构体。在深埋成岩过程中，胆甾醇不稳定的构型会逐渐消失，代之以张力较小、更稳定的构型（图6.8）。

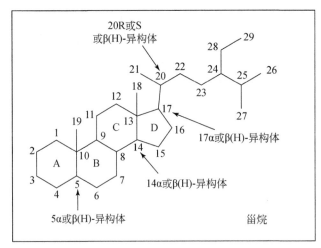

图 6.8 C_{29} 甾烷的化学结构，可见重要立体异构体的碳原子标号 （Hunt，1996）

生物死亡后，甾醇在微生物降解和低温成岩作用过程中将依次转变成甾烯和甾烷。因此，沉积有机质中甾烷的含量随着埋深增大而不断增加。在成岩演化过程中，若碳环上的甲基发生迁移，新生成的甾烯和甾烷分别称为重排甾烯和重排甾烷。沉积有机质和原油中已发现的甾烷包括低碳数甾烷、C_{27}–C_{29} 规则甾烷和重排甾烷、4-甲基甾烷及芳香甾族化合物等。其中低碳数甾烷及其衍生物的碳数可低至 19。

甾烷是烃源岩评价的常用指标：重排甾烷/甾烷可用于区分陆源碎屑烃源岩与海相碳酸盐岩烃源岩；甾烷立体异构体 ββ/（ββ+αα） 可用于成熟度评价；C_{27}-C_{30} 胆甾烷可指示生源；降胆甾烷可指示生源和成熟度；C_{27}-C_{28}-C_{29} 甾烷三角图可用于判断沉积环境。其中，胆甾烷是 C-$_{24}$ 位无侧链的甾烷，降胆甾烷是侧链少一个甲基的胆甾烷。

4）萜烷类化合物

萜烷类化合物属有环的类异戊二烯化合物，可进一步分为单萜（C_{10}）、倍半萜（C_{15}）、二萜（C_{20}）、三萜（C_{30}）和四萜（C_{40}）等。其中，三萜类化合物含 3~6 个碳环不等，以五环三萜最为常见，它是烃源岩中最为丰富和重要的生物标志化合物（Hunt，1996）。

五环三萜的 E 环含有 5 个或 6 个碳原子，前者如藿烷（图 6.9），后者如伽马蜡烷，以前者更为常见。五环三萜类化合物可分为藿烷类和非藿烷类两大类，前者具有典型的藿烷碳骨架，即含有四个六元环和一个五元环，并且在 C-$_{30}$ 位可能有侧链。

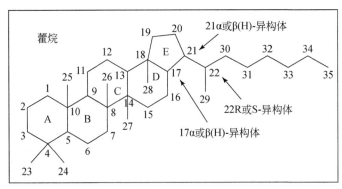

图 6.9 C_{35} 升藿烷的化学结构，可见重要立体异构体的碳原子标号

藿烷（包括降藿烷与藿烷类化合物）广泛分布于不同地质时代的沉积有机质和石油中，却鲜见于自然界活的有机体内，这是因为活的有机体通常只含藿烷类化合物（如微生物活体内带 C_{31}–C_{35} 侧链的藿烷类化合物），它们是藿烷的前驱物，由不同的细菌、蓝细菌和其他原核生物合成。其中，原核生物不包括产甲烷菌或其他古细菌（Hunt，1996）。

藿烷的化学结构十分复杂性，具有 R、S 和 α、β 立体异构，这使其成为一类重要的生物标志化合物（图 6.9）。藿烷的构型通常可指示成熟度。$17\beta(H),21\beta(H)$-藿烷是天然存在的藿烷异构系列，其特征是热动力学稳定性较差。随着成岩作用增强、成熟度增大，有机质中饱和的、更稳定的 $17\alpha(H),21\beta(H)$-藿烷逐渐增多。因此，高成熟度烃源岩所含的藿烷异构体系列主要是 $17\alpha(H),21\beta(H)$-藿烷。未成熟沉积物所含的 C_{31}–C_{35} 升藿烷系列具有 $17\beta(H)$ 立体化学构型，但通常只有 22R 一种差向异构体。其中 22R 构型在成岩期间会向 22S 构型转变，最终形成 22S 和 22R 构型的混合物。$17\beta(H),21\alpha(H)$-藿烷被称为莫烷，在活的有机体中不存在，通常由其他藿烷在高成熟条件下转化而来。

C_{-30} 位侧链少一个甲基的藿烷称为降藿烷，当 C_{-22}、C_{-29} 和 C_{-30} 位少两个或三个甲基时分别称为二降藿烷或三降藿烷。与降藿烷相反，侧链某碳位多出一个甲基的藿烷则称为升藿烷，当多出两个或三个甲基时分别称为二升藿烷或三升藿烷。降藿烷和升藿烷也可用于判断有机质的成熟度，如 Ts/Tm 值。其中，Ts 和 Tm 是两类特殊的三降藿烷，分别命名为 $18\alpha(H)$-22,29,30-三降藿烷和 $17\alpha(H)$-22,29,30-三降藿烷。Ts 比 Tm 更稳定，故 Ts/Tm 值可指示烃源岩的成熟度（Hunt，1996）。

藿烷类化合物碳骨架上甲基取代基（如 A 环甲基）的存在似乎与特定生物类群相关，如 2-甲基藿烷通常指示蓝细菌生源。E 环由苯环缩合形成藿烷称为苯并藿烷，通常形成于局限的碳酸盐岩蒸发环境。

非藿烷系列五环三萜类化合物没有典型的藿烷化学结构，如伽马蜡烷、木栓烷、奥利烷和羽扇烷等，通常认为后三者主要来源于高等植物（Hunt 1996；Tissot and Welte，1984）。

2. 芳烃生物标志化合物

烃源岩中的芳烃化合物通常被认为由甾烷类和萜烷类化合物热降解转化而来，如甾醇芳构化可生成菲，萜类化合物芳构化可生成烷基萘（Mani et al.，2017）。

烃源岩中芳烃及其烷基衍生物的分布主要受有机质的成熟度控制，这是因为不易遭受生物降解的芳烃化合物随着成熟度上升会发生烷基化反应或发生构型变化，相应烷基芳烃同系物中热稳定性高的异构体含量逐渐增多（Horsfield and Schulz，2012）。热动力稳定性较差的 α 系列多环芳烃在空间上的分布通常少于 β 系列多环芳烃，两者的比值取决于成熟度。α 与 β 系列芳烃的含量可用于计算对温度变化敏感的成熟度参数，如甲基菲指数（methyl phenanthrene indices，MPI）、二苯并噻吩（dibenzothiophene，DBT）比值和二、三、四甲基萘比值等（表 6.1）。

表6.1 用于评价烃源岩成熟度的标志性芳烃化合物指标

标志性芳烃化合指标	指标计算公式
甲基萘比值	2-甲基萘/1-甲基萘
二甲基萘比值	(2,6-二甲基萘+ 2,5-二甲基萘)/1,5-二甲基萘
三甲基萘比值	1,3,7-三甲基萘/(1,3,7-三甲基萘+ 1,2,5-三甲基萘)
四甲基萘比值	1,3,6,7-四甲基萘/(1,3,6,7-四甲基萘+1,2,5,6-四甲基萘 +1,2,3,5-四甲基萘)
五甲基萘比值	1,2,4,6,7-五甲基萘/(1,2,4,6,7-五甲基萘+ 1,2,3,4,5-五甲基萘)
甲基菲指数	1.5×(2-甲基菲+3-甲基菲)/(菲+1-甲基菲+9-甲基菲)
甲基菲比值	2-甲基菲/1-甲基菲
甲基二苯并噻吩比值	4-甲基二苯并噻吩/1-甲基二苯并噻吩,或 4-甲基二苯并噻吩/(4-甲基二苯并噻吩+1-甲基二苯并噻吩)

　　芳构化甾烷也是一类常见的芳烃类生物标志化合物，可用于判断有机质的成熟度，如单芳甾烷和三芳甾烷。一些甾烷类化合物在成岩过程中会在 A 环或 C 环发生芳构化形成 A 环或 C 环单芳甾烷。未达成熟阶段的沉积物通常可同时检出 A 环和 C 环单芳甾烷，但成熟的烃源岩通常只能检出后者（图6.10）。B 环单芳甾烷非常少见，通常只在具线性稠环结构的重排甾烷中检出（Hunt，1996）。C 环单芳甾烷可分为 C_{27}-C_{29} 和 C_{20}-C_{21} 两个系列，前者侧链较长，但伴随着成熟度增加引起的侧链断裂会向后者转变。越来越多的研究表明活有机体内的一些甾烷类化合物（如 C_{21}–C_{22}）也可转变成单芳甾烷，如由活有机体合成的短侧链单芳甾烷。现代沉积物通常很少能检出三芳甾烷类化合物，故通常认为三芳甾烷由单芳甾烷类化合物在埋深增大、成熟度增加的成岩过程中形成。

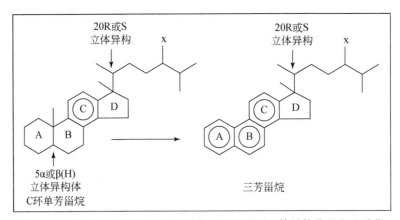

图6.10 单芳和三芳甾烷的化学结构，可见重要立体异构化的发生碳位

6.4 页岩烃源岩和储层中的生物标志化合物

　　有机质丰度和成熟度是评价页岩品质及生烃潜力的两项重要指标（Horsfield and Schulz，2012；Jarvie et al.，2015），因为 TOC 和成熟度既控制着页岩有机质的生烃潜力，

又控制着甲烷吸附气的赋存。其中，页岩储层中的甲烷吸附气与充填于裂缝和孔隙内的游离气共同构成页岩气的主体。烃源岩的生烃潜力还受有机质类型的影响，由于 H/C 值不同，母质来源不同的有机质各自有着不同的生烃潜力（表 6.2）。例如，湖相和海相有机质由于 H/C 值偏高，其生烃潜力明显高于陆相有机质。

表 6.2　不同来源生烃母质的生油和生气潜力

沉积环境	干酪根类型	母质来源	生油和生产潜力
水生环境	I	藻类体	油
		无结构的藻类体碎屑	
陆生环境	II	无结构的浮游生物，主要为海洋生物	
		孢子膜和花粉，植物叶子的角质层及草本植物	
	III	纤维状的木本植物碎屑及无结构的胶状腐殖质	油和气
	IV	氧化或再循环的木本植物碎屑	无生油气潜力

前人已开展了大量卓有成效的页岩烃源岩和储层研究（Horsfield and Schulz, 2012; Jarvie et al., 2015），并提出了评价页岩气的一系列指标：①页岩、粉砂岩或泥岩的岩性及其岩石矿物组成；②TOC>2%；③页岩厚度>30 m；④成熟度位于湿气窗（R_o 为 0.8% ~ 1.2%）或干气窗（R_o>1.2%）；⑤页岩中的有机质未被氧化，有机碳不是死碳（Jarvie et al., 2015）。开展生物标志化合物研究是这些评价指标的必要补充，有助于全面深入评价页岩的烃源岩和储层。

许多生物标志化合物可用于分析页岩的沉积环境、生烃母质、热演化过程、热演化影响因素和成熟度。例如，表 6.3 列举了用于判断生烃母质来源与沉积环境的常用生物标志化合物及指标，表 6.4 列举了用于判断成熟度的常用生物标志化合物及指标。此外，生物标志化合物研究还可用于评估页岩气开采引发的环境危害。

表 6.3　特殊生源的生物标志化合物及其环境意义

生物标志化合物（或指标）	碳数	母质来源与沉积环境
正构烷烃		
CPI>5	C_9-C_{21}	来源于海相和湖相的藻类，以 C_{15}、C_{17}、C_{19} 为主
	$C_{25}-C_{37}$	来源于陆生植物的蜡，以 C_{27}、C_{29}、C_{31} 为主
CPI<1	$C_{12}-C_{24}$	来源于细菌，包括好氧的、厌氧的、海相的或湖相的
	$C_{20}-C_{32}$	指示咸化或缺氧环境，如碳酸盐岩和蒸发岩沉积环境
无环的类异戊二烯化合物		
头尾相连的		
姥鲛烷	C_{19}	来源于叶绿素，指示氧化或亚氧化环境
植烷	C_{20}	来源于叶绿素，指示亚氧化或咸化环境

生物标志化合物（或指标）	碳数	母质来源与沉积环境
头头相连的		
双植烷	$C_{25}-C_{30}$，C_{40}	来源于古细菌
丛粒藻烷（Botryococcane）	C_{34}	指示湖相或咸化环境
倍半萜类化合物		
卡达烯和桉叶烷	C_{15}	来源于陆生植物
二萜类化合物		
松香烷、海松烷、贝壳杉烷和惹烯	$C_{19}-C_{20}$	来源于高等植物的树脂
三环萜烷	$C_{19}-C_{45}$	来源于细菌和藻类细胞壁类脂的降解
四环萜烷	$C_{24}-C_{27}$	来源于五环三萜类化合物的降解
藿烷	$C_{27}-C_{40}$	来源于细菌
降藿烷	$C_{27}-C_{28}$	指示海相缺氧环境
2-甲基藿烷和3-甲基藿烷	$C_{28}-C_{36}$	指示碳酸盐岩沉积环境
苯并藿烷类化合物	$C_{32}-C_{35}$	指示碳酸盐岩沉积环境
六氢苯并藿烷类化合物	$C_{32}-C_{35}$	指示缺氧或碳酸盐岩-硬石膏沉积环境
伽马蜡烷	C_{30}	指示高盐度环境
奥利烷和羽扇烷	C_{30}	来源于晚白垩世—新近纪显花植物
比杜松烷	C_{30}	来源于裸子植物的树脂
β-胡萝卜烷	C_{40}	指示干旱、高盐度环境
甾烷	$C_{19}-C_{23}$	来源于真核生物、植物和动物
	$C_{26}-C_{30}$	
24-正丙基甾烷	C_{30}	指示局限环境（如潟湖）-海相环境
4-甲基甾烷	$C_{28}-C_{30}$	来源于海相和湖相的沟鞭藻类
甲藻甾烷	C_{30}	指示三叠纪以来（含三叠纪）的海相环境

表6.4 温度敏感类生物标志化合物指标

有机组分	生物标志化合物指标	随成熟度升高的变化	说明
饱和烃	C_{29}甾烷20S/（20S +20R）值	增大	在生油窗早期至中期偏高，在极高成熟阶段下降
	C_{29}甾烷 αββ/（αββ +ααα）值	增大	适用于生油窗早期至中期
	莫烷/藿烷值	减小	适用于生油窗早期
	C_{31}藿烷 22S/（22S +22R）值	增大	适用于未成熟阶段至生油窗早期
	Ts/（Ts+Tm）值	增大	除成熟度之外，还受岩性影响
	三环萜烷/藿烷值	增大	适用于生油窗晚期，受强烈的生物降解影响也会增大
	重排甾烷/甾烷值	增大	适用于生油窗晚期；除成熟度之外，还受岩性影响，碳酸盐岩偏低，碎屑页岩偏高；受强烈的生物降解影响会增大

续表

有机组分	生物标志化合物指标	随热成熟升高的变化	说明
芳烃	单芳甾烷类化合物：（C_{21}+C_{22}）/（C_{21}+C_{22}+C_{27}+C_{28}+C_{29}）值	增大	适用于生油窗早期至晚期，几乎不受生物降解影响
	三芳甾烷类化合物：（C_{20}+C_{21}）/（C_{20}+C_{21}+C_{26}+C_{27}+C_{28}）值	增大	适用于生油窗早期至晚期，几乎不受生物降解影响
	三芳甾烷类化合物/（单芳甾烷类化合物+三芳甾烷类化合物）值	增大	生油窗早期至晚期偏高，几乎不受生物降解影响

6.5　沉积有机质的稳定同位素及差异

　　碳、氢、氮和氧等轻元素的稳定同位素已被广泛应用于全球有机质（碳）的研究，包括其生产力、埋藏、储存和循环等。开展富有机质页岩同位素研究的意义重大，可获得不同地史时期沉积盆地的生产率、碳埋藏总量和烃源岩发育等信息（Sharp，2017）。

　　同位素在物理和化学上极易发生热力学平衡分馏、动力学非平衡分馏和非质量相关分馏。因此，较轻的碳同位素 ^{12}C 更易从无机碳（CO_2）转变成生物有机碳（C_6 碳水化合物），进而使浅层地表环境碳储库中的有机碳和还原态的碳相对富集 ^{12}C，无机或氧化态的碳则相对富集 ^{13}C（Schidlowski，1987）。其中，无机或氧化态的碳主要以大气中的 CO_2 及海水中溶解的碳酸盐的形式存在。当有机质和碳酸盐沉积为沉积物之后，地球浅层碳储库中记录着同位素动力学效应（kinetic isotope effects，KIE）和光合作用分馏信息的碳同位素将被保存，并进入全球碳循环的下一站——地壳岩石圈（Schidlowski，1987）。受此影响，历经地史时期数十亿年的演化之后，地球原始的碳同位素组成及分布发生了变化，不同岩石圈层中碳储库的碳同位素组成表现出明显的轻重差异（图 6.11）。

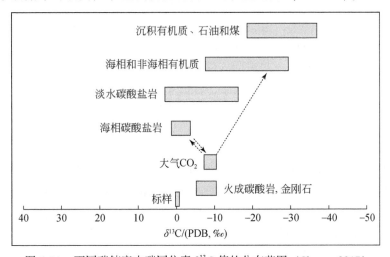

图 6.11　不同碳储库中碳同位素 $\delta^{13}C$ 值的分布范围（Sharp，2017）

不同的生烃母质通常有着不同的同位素组成。众所周知，海相和湖相有机质的同位素组成有明显的差异。由于光合作用固碳过程中酶催化作用的差异，不同陆相有机质之间也有明显的同位素组成差异：与 C4 循环（光合作用碳循环，即卡尔文循环）植物相比，C3循环植物的固碳效率较低，但更富集^{12}C，即 δ^{13}C 值偏负（Hoefs，2004；Sharp，2017）（图 6.12）。

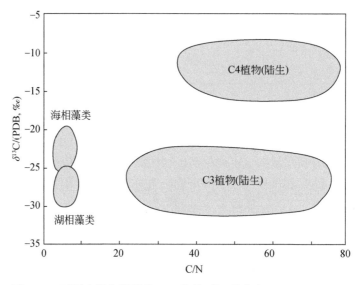

图 6.12　不同来源有机质的 C/N 值及 δ^{13}C 值分布（Sharp，2017）

生烃母质或成因不同的烃类通常也有着不同的同位素组成。天然气作为页岩储层中赋存的主要烃类之一，不同的成因类型有着明显不同的稳定同位素（C、H）组成。根据有机质的成因，可将天然气划分成生物成因气和热成因气两大类（图 6.13）。当沉积物处于近地表、低地温的成岩作用阶段时，未成熟的有机质主要生成生物成因气。沼泽和海相环境均可以生成生物成因气。生物成因气的特征是甲烷含量极高，重烃气（C$_{2+}$）含量甚微或无，δ^{13}C 值通常小于-60‰。当沉积物处于深度大、地温高的深成热解作用阶段，有机质将热解生成热成因气。热成因气的特征是湿度 $[(C_2-C_5)\times100/(C_1-C_5)]>1$，$\delta^{13}$C 值通常大于-60‰（Schoell，1983）。热成因气的存在通常说明地下存在烃源岩，对其开展分析可获得含油气系统的烃类组分信息，相反，若钻井只钻揭生物成因气则无法获得含油气系统的相关信息（Donna，2017；Mani，2019）。生物成因气与热成因气混合共存是最为常见的现象。

页岩气的主要特征是甲烷含量高，含少量乙烷和丙烷，其他非烃气体极少，如北美页岩气。非常规页岩气藏的气体稳定同位素组成随深度、成熟度和湿度变化而改变，其典型特征是有明显的同位素反转（倒转）现象（Barbara and Karlis，2013），如中国和美国一些盆地的页岩气藏。碳同位素反转指低碳数烃类气体比其相邻同系物更富集^{13}C，即 $\delta^{13}C_1>\delta^{13}C_2>\delta^{13}C_3$，这与常规油气烃源岩的碳同位素组成刚好相反。碳同位素反转现象常见于高成熟地区及其他的一些情况，是页岩气系统内高产能层段的共有特征。乙烷和丙烷碳同位素的反转通常指示气藏是由高成熟生烃母质原位裂解形成，常伴有异常高压（Barbara and

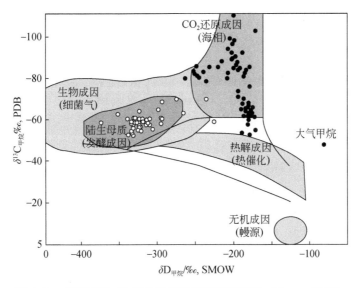

图 6.13 依据 $\delta^{13}C$-δD 划分的甲烷成因鉴别图版 (Sharp, 2017)

Karlis, 2013; Wood and Hazra, 2017)。

对烃类化合物开展稳定同位素分析,可确定烃类气体的生烃母质类型、烃源岩的成熟度、烃类生成后的裂解作用,以及气-源关系等 (Barbara and Karlis, 2013)。其中,分析生烃母质的类型有助于分析页岩的沉积环境,进而指导页岩气评价,因为海相和陆相页岩的 TOC、有机质类型及生气潜力都有着显著差异。

岩石试样自身、岩石试样的赋存物 (包括孔缝内充填的游离态气体和解吸出的吸附气)、岩石试样抽提物 (包括干酪根和有机质),以及岩石试样热解生成的气体均可用于开展稳定同位素分析 (compound specific isotope analysis, CSIA)。其中,有机质的抽提物 (extracted organic-matter, EOM) 最常用于分析试样的碳、氢稳定同位素组成。同位素的检测方法通常包括全样品法和特定化合物 (或单体分子化合物) 法,前者测定的是全部抽提物混合样的同位素组成,即不同烃类组分的平均同位素组成,其准确性偏低;后者首先要对不同的烷烃或生物标志化合物进行分离,再分别测定各自的同位素组成,故其准确性高。由于单体分子的纯度高,特定化合物法测得的同位素值可用于分析烃类组分的性质,包括区分原生和次生,以及源内和源外等。

6.6 分析方法

开展有机物性质分析时,首先要将有机质从样品中萃取出来并进行族组分分离,通常分离出饱和烃、芳烃、胶质和沥青质 4 个簇组分;然后,使用不同仪器对这些分离出来的化合物进行定性和定量分析。最为常用的分析测试仪器包括气相色谱-质谱联用仪 (gas chromatograph-mass spectrometer, GC-MS) 和稳定同位素比值质谱仪 (isotope ratio mass spectrometry, IRMS) 等。

6.6.1 气相色谱-质谱联用仪

气相色谱-质谱联用仪联合使用了气相色谱（gas chromatograph，GC）与质谱（mass spectrometry，MS）两种技术，其优势是既充分利用了气相色谱仪独特的分离（依据相对保留时间差异分离不同组分）能力，又发挥了质谱仪定性分析（据不同组分的特征质谱图判别）的特长（Sneddon et al.，2007）。气相色谱-质谱联用仪的主要功能包括：①气相色谱柱中混合物组分的分离；②色谱仪至质谱仪之间的样品传送，即向电离室导入分离出的组分；③有机组分的电离；④离子的质量分析；⑤离子检测及电信号生成，通常使用电子倍增器；⑥电信号的采集和处理，以及向计算机系统输出信号（图6.14）。

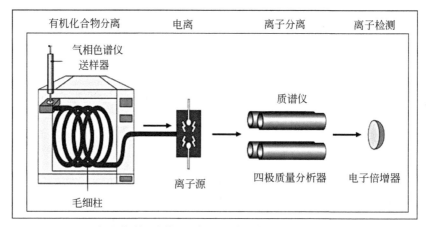

图6.14　气相色谱-质谱联用仪的基本组件示意图（Mani，2019）

从气相色谱柱分离出来的有机质分子将被导入质谱仪的电离室，并在此经电子流轰击发生电离。电离形成的离子可使用扇形磁场质量分析器或四极质量分析器等分离，因为离子在电场或磁场中会按质量和所带电荷的比值（质荷比，m/z）发生有序分离。其中，质荷比是物质的内在属性，主要反映分子或分子碎片的质量。例如，正构烷烃的质荷比 $m/z=57$，甾烷的质荷比 $m/z=217$，萜烷的质荷比 $m/z=191$。

质谱仪的分析结果是质谱图，其横坐标是质荷比，纵坐标是离子流相对强度（AOGS，2019）。开展气相色谱-质谱联用分析时，饱和烃与芳烃系列同系物可根据有机质在色谱柱内的保留时间和碎片离子的质荷比区分；单体化合物及其异构体的鉴别则需要综合使用多种信息，包括有机组分在色谱柱内的保留时间、质谱图中分子典型的离子碎片峰，以及生物标志化合物的质谱图图版等（图6.15）。

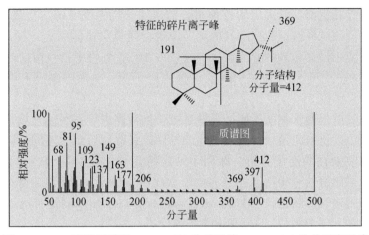

图 6.15　αβ-藿烷质谱图，$m/z=191$ 为基准峰，$m/z=412$ 为分子离子峰

6.6.2　同位素比值质谱法

同位素比值质谱仪通常用于检测低分子量元素的稳定同位素比值，如碳（$^{13}C/^{12}C$）和氧（$^{18}O/^{16}O$）等。该设备除了质谱仪主机，通常配有气相色谱仪和元素分析仪等辅助系统（Platzner，1997），如带氧化炉型燃烧接口的气相色谱-燃烧-同位素比值质谱仪。气相色谱-燃烧-同位素比值质谱仪工作时，首先，混合试样经载气（He）带入色谱柱中进

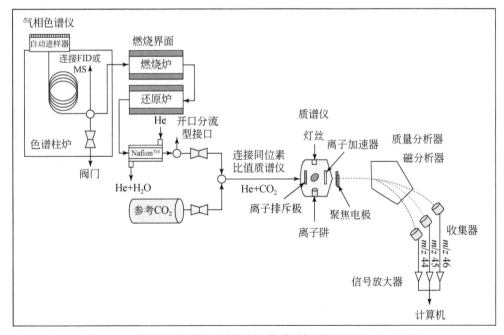

图 6.16　气相色谱-燃烧-同位素比值质谱仪原理图（Mani，2019）
FID 为火焰离子化检测器，MS 为质谱仪，Nafion™ 为一种品牌的半渗透膜

行分离；然后，气相色谱仪分离出的各种组分被送往燃烧界面系统进行氧化和还原处理；最后，处理后的待测试样被送往质谱仪的离子源进行同位素比值测定（图6.16）。同位素比值质谱仪通常使用设计巧妙的分流型接口（图6.16），可将来自色谱仪的流出物（载气及其携带的试样和气体标样）定量引入质谱仪的离子源，从而限制进入离子源的气体数量，提高检测的灵敏度。

同位素比值质谱仪通常配备不同的进样系统，如双路进样系统或连续流进样系统。后者称为连续流同位素比值质谱仪，其与不同的外部设备联用可组成不同的同位素比值质谱仪，从而实现同位素在线连续分析，如用于测定特定烃类化合物（或单体分子化合物）碳、氢稳定同位素比值的气相色谱–燃烧–同位素比值质谱仪，用于测定碳酸盐岩中碳、氧同位素比值的多用途气体制备仪–同位素比值质谱仪，以及用于测定有机质全样品（混合样）同位素组成的元素分析仪–同位素比值质谱仪等。

参 考 文 献

AOGS（2019）Australian quantitative analysis of Petroleum Biomarkers using the AGSOSTD oil. http://www. ga. gov. au

Barbara T, Karlis M（2013）Isotope reversals and universal stages and trends of gas maturation in sealed, self-contained petroleum systems. Chem Geol 339（15）：194-204

Briggs DEG, Summons RE（2014）Ancient biomolecules：their origins, fossilization, and role in revealing the history of life. BioEssays 36：482-490

Brocks JJ, Summons RE（2003）Sedimentary hydrocarbons, biomarkers for early life. In：Holland HD（ed）Treatise in geochemistry, Elsevier, vol 8, 53p

Donna CW（2017）Aromatic compounds as maturity indicators comparison with pyrolysis maturity proxies and ro（measured and calculated）using the New Albany Shale as an example search and discovery article #42143

Hallmann C, Kelly AE, Gupta SN, Summons RE（2011）Reconstructing deep-time biology with molecular fossils. Chapter in 'Quantifying the evolution of early life', Springer, Dordrecht, pp 355-401

Hoefs J（2004）Stable isotope geochemistry. Springer, Berlin, p 244

Horsfield B, Schulz HM（2012）Shale gas exploration and exploitation. Mar Pet Geol 31（1）：1-2

Hunt JM（1996）Petroleum geology and geochemistry. W. H. Freeman and Company, San Francisco, p 617

Jarvie DM, Jarvie BM, Weldon WD, Maende A（2015）Geochemical assessment of in situ petroleum in unconventional resource systems. In：Unconventional resources technology conference. Society of Petroleum Engineers, San Antonio

Mani D（2019）Characterising the source rocks in petroleum systems using organic and stable isotope geochemistry：an overview. J Indian Geophys Union 23（1）：10-27

Mani D, Kalpana MS, Patil DJ, Dayal AM（2017）Organic-matter in gas shales：origin, evolution and characterization. In：Shale gas：exploration, environmental and economic impacts, vol 3. Elsevier, pp 25-52

Peters KE, Walter CC, Moldowan JM（2005）The biomarker guide, vol 1：biomarkers and isotopes in the environment and human history. Cambridge University Press

Platzner IT（1997）Modern isotope ratio mass spectrometry. Wiley, Chichester

Schidlowski M（1987）Application of stable carbon isotopes to early biochemical evolutionon earth. Annu Rev Earth Planet Sci 15：47-72

Schoell M（1983）Genetic characterization of natural gases. AAPG Bull 67：2225-2238

Sharp Z（2017）Principles of stable isotope geochemistry, 2nd edn. Retrieved from https://digitalrepository. unm. edu/unm_oer/1/

Sneddon J, Masuram S, Richert JC（2007）Gas chromatography – mass spectrometry – basic principles, instrumentation and selected applications for detection of organic compounds. Anal Lett 40（6）: 1003-1012

Tissot BP, Welte DH（1984）Petroleum formation and occurrence. A new approach to oil and gas, 2nd edn. Springer

Wood DA, Hazra B（2017）Characterization of organic-rich shales for petroleum exploration & exploitation: a review—part 2: geochemistry, thermal maturity, isotopes and biomarkers. J Earth Sci 28（5）: 758-778

页岩储层中大多数的油气以吸附形式存在于孔隙中（Curtis，2002；Zhang et al.，2012）。因此，准确的孔隙结构描述是预测与开发页岩油气的关键（Wood and Hazra，2017）。近年来，得益于一系列技术的应用，人们对不同尺度的页岩孔隙进行了分析和表征，在孔隙的结构、形态、分布、演化和控制因素等方面取得重大进展（Loucks et al.，2009；Curtis et al.，2012；Milliken et al.，2013；Löhr et al.，2015）。这些技术以低压气体吸附（low pressure gas adsorption，LPGA）和扫描电镜（scanning electron microscopy，SEM）分析技术应用最为广泛（Wang and Reed，2009；Desbois et al.，2009；Cardott et al.，2015）。

大量研究（Bernard et al.，2012a，2012b；Jennings and Antia，2013；Chen and Jiang，2016）表明，页岩未达热成熟时孔隙度普遍偏低，但随着成熟度上升将发育大量次生的有机质孔隙。例如，Loucks 等（2009）在 R_o>0.8% 的 Barnett 页岩样品中观察到大量的有机质孔；Curtis 等（2012）利用聚焦离子束（focused-ion-beam，FIB）和扫描电镜技术分析了 Woodford 页岩（R_o 约为 0.5% 至大于 6%）孔隙的形成和演化，发现 R_o>0.9% 的样品有机质孔更为发育。研究还表明，页岩有机质孔的形成似乎并不与成熟度的上升呈线性增加。例如，Curtis 等（2012）在研究 Woodford 页岩时发现，尽管 R_o 高达 6.36% 的样品仍可观察到有机质孔，但 R_o 大约上升至 2% 后页岩样品几乎不发育孔隙；Jennings 和 Antia（2013）在研究 Eagle Fored 页岩时也发现，有机质孔在 R_o 介于 1.4%~1.6% 时最为发育，R_o>1.7% 之后则明显减少。Löhr 等（2015）在经过有机溶剂抽提后的未成熟的泥盆系 Woodford 页岩中观察到大量孔隙，他们据此认为低成熟页岩有机质孔不发育是因为有机质孔被沥青所充填，这导致在扫描电镜下观察不到有机质孔隙。

页岩有机质孔的发育可能还与有机质的显微组分类型有关（Curtis et al.，2012）。在有机质的热成熟过程中，活性干酪根（Ⅰ、Ⅱ和Ⅲ型）将因热解生烃消耗殆尽，固态的死碳和惰性的干酪根则残留下来（Jarvie et al.，2007）。在热成熟的生烃过程中，伴随着油气排出并汇聚形成油滴或气泡，活性有机质残存的显微组分会生成大量纳米孔（Loucks et al.，2009）。例如，Liu 等（2017）在藻类体显微组分的成熟生烃过程中观察到有机质孔的形成。不同于活性干酪根，惰质显微组分通常不发育次生孔，但普遍含大的原生孔，如由植物细胞腔构成的原生孔。

研究表明，除了有机质孔，页岩中还普遍发育无机孔，两种孔隙在扫描电镜的灰度图像中有着显著不同的特征（Camp and Wawak，2013）。无机孔能否储存并渗流油气仍是一个争议性话题（Curtis et al.，2012），尽管一些学者坚持认为页岩生成的油气不但可以储存在页岩的矿物粒间孔和基质孔，还可以在其间作二次运移（Curtis et al.，2010；Milner et al.，2010）。

7.1　低压气体吸附分析技术

近年来，亚临界气体吸附技术被广泛应用于评价页岩储层复杂的孔喉结构（Ross and Bustin，2009；Chalmers et al.，2012；Mastalerz et al.，2012，2013；Kuila and Prasad，2013）。氮气是开展页岩低温低压气体吸附实验最常用的吸附质气体。Kuila 和 Prasad（2013）以氮气为吸附质，在 -197.3℃的等温条件下，通过逐步改变相对压力的大小（介于 0.075～1.0），对页岩中直径介于 1.7～200nm 的孔喉进行定量测定。该研究表明，氮气吸附法有明显的不足，其既不能检测所有的微孔，也无法测定直径>200nm 的大孔。其中，大孔和微孔的命名遵循国际纯粹和应用化学联合会（International Union of Pure and Applied Chemistry，IUPAC）的孔隙三分方案：孔径≤2nm 者为微孔，孔径介于 2～50nm 者为介孔（中孔），孔径>50nm 者为大孔（Sing et al.，1985）。为有效分析页岩中的微孔，一些学者还尝试使用了低温（0℃）低压二氧化碳气体吸附法（Ross and Bustin，2009；Mastalerz et al.，2012）。

低压气体吸附实验检测的是相同温度、不同相对压力条件下吸附质气体的平衡吸附量。其中，吸附质气体通常为氮气，相对压力是 P/P_0 比值（P 是吸附质气体与吸附剂达到平衡时气体的压力，P_0 是吸附质的饱和蒸气压）。以相对压力为横坐标、吸附量为纵坐标，将测得的相对压力和吸附量进行投点可绘制出等温吸附线（AI）。据此等温吸附线可

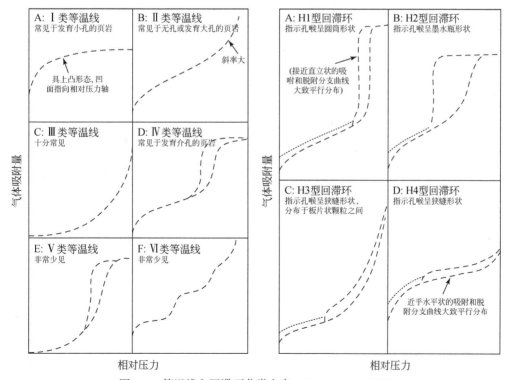

图 7.1　等温线和回滞环分类方案（Sing et al.，1985）

对样品的孔隙结构进行定性和定量评估（Brunauer et al., 1940）。国际纯粹与应用化学联合会规范了等温吸附线的类型，将物理吸附等温线划分为六大类，同时根据吸附滞后现象将等温线的回滞环划分成4类（图7.1）（Sing et al., 1985）。其中，吸附滞后现象指等温线吸附分支与脱附分支分离错位的现象。吸附滞后现象详见 Monson（2012）的综述。

7.2 页岩比表面积与孔隙体积

放到气体体系中的试样，其表面（颗粒外部和内部连通孔的表面）在低温下将发生物理吸附。当吸附达到平衡时，测量平衡吸附压力和吸附的气体量，选用合适的等温方程（计算模型）即可计算出试样的比表面积与孔隙体积。因此，可采用气体吸附理论来研究页岩的比表面积和孔隙体积。特定的气体吸附理论通常只适用于特定的实验条件，如微孔充填理论适用于极低压力下的吸附行为，单层吸附理论适用于低压下的吸附行为，多层吸附理论适用于中等压力下的吸附行为，毛细管凝聚理论适用于相对高压下的吸附行为。用于处理吸附实验数据的方法（模型或方程）众多，常用的方程包括 Langmuir 方程、BET 方程、BJH 方程、DR 方程和 DA 方程等，各自特征简述如下。

7.2.1 BET 法和 Langmuir 法

基于多分子层吸附理论的多点 BET（Brunauer-Emmett-Teller）法（Brunauer et al., 1940）和基于单分子层吸附理论的 Langmuir 法（Langmuir, 1918）都是测定固体比表面积的常用方法，两者的数学原理详见 Gregg 和 Sing（1982）的论述。Langmuir 吸附等温方程和 BET 吸附等温方程的建立是以一系列的假设为前提：前者假定吸附剂的孔隙表面在能量上是均匀的（各吸附点位具有相同的能量），吸附质气体分子在固体表面为单层吸附。后者假定吸附可以是多分子层，第一层分子的吸附满足 Langmuir 吸附等温方程，第二层及以后各层分子的吸附和脱附可看成是蒸气和液体之间的凝结与蒸发，即视第二层及以后各层为液体而不是固体的孔壁；第一层吸附质的吸附热要大于第二层及以后各层的吸附热。这些假设往往与实际情况不完全吻合，故这两种方法并不能求得固体材料准确的孔隙表面积。

根据 BET 吸附等温方程，对实验数据进行线性拟合，可求出吸附质的单分子层饱和吸附量（N_m），即孔隙（介孔和大孔）表面完全为单层分子覆盖所需吸附的吸附质（如氮气）物质的量。

BET 吸附等温方程的二常数表达式如下：

$$\frac{N}{N_m} = \frac{C(P/P_0)}{(1-P/P_0)\left[1-\dfrac{P}{P_0}+C(P/P_0)\right]} \tag{7.1}$$

式中，P 为吸附质达吸附平衡时的压力；P_0 为吸附温度下吸附质的饱和蒸气压；C 为常数。

气体的吸附层数为单层时，BET 吸附等温方程与 Langmuir 吸附等温方程相同：

$$\frac{N}{N_{\mathrm{m}}} = \theta = \frac{aP}{1 + aP}$$

式中，$\theta = \dfrac{aP}{1 + aP}$ 为 Langmuir 吸附等温方程的一般形式；θ 为吸附剂孔隙表面的覆盖率；P 为吸附质气体达吸附平衡时的压力；a 为吸附系数或吸附平衡常数；N_{m} 为单分子层饱和吸附量。

Trunsche（2007）将 BET 二常数公式改写为

$$\frac{1}{W[(P_0/P) - 1]} = \frac{1}{W_{\mathrm{m}}C} + \frac{C - 1}{W_{\mathrm{m}}C}\left(\frac{P}{P_0}\right) \tag{7.2}$$

式中，W 为吸附质气体的吸附量；P/P_0 为吸附质气体的相对压力，当吸附剂表面为单层分子完全覆盖时，其值通常介于 0.05 ~ 0.3；W_{m} 为单分子层饱和吸附量；C 为 BET 常数，普通吸附剂 C 的取值通常介于 50 ~ 300。

该修正的 BET 吸附等温方程是求取固体比表面积的通用方法。在 BET 图中，用数据 $1/W[(P/P_0) - 1]$（纵坐标）对 P/P_0（横坐标）作图，可得到一条直线（图 7.2）。其斜率表达如下：

$$S = \frac{C - 1}{W_{\mathrm{m}}C} \tag{7.3}$$

其截距（i）表达式如下：

$$i = \frac{1}{W_{\mathrm{m}}C} \tag{7.4}$$

根据式（7.3）可推导出单分子层饱和吸附量 W_{m} 的表达式：

$$W_{\mathrm{m}} = \frac{1}{(S + i)} \tag{7.5}$$

根据式（7.3）还可推导出 BET 常数 C 的表达式：

$$C = (S/i) + 1 \tag{7.6}$$

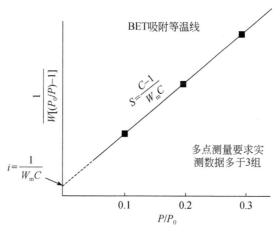

图 7.2　典型的 BET 吸附等温线（Trunsche，2007）

一般情况下，根据实验数据可拟合出 BET 等温方程的线性表达式，但在相对压力

$P/P_0<0.05$ 时，因固体材料表面的非均质性会凸显，此时 BET 方程假设孔隙表面在能量上是均匀的，而且吸附质层与吸附剂之间的相互作用也是均质的前提不再成立，BET 方程将不再是线性方程。

在 BET 吸附等温方程符合线性分布的情况下，依据单分子层的饱和吸附量（W_m）可推导出吸附剂总表面积（S_t）的表达式：

$$S_t = \frac{W_m N_A A_{cs}}{M} \tag{7.7}$$

式中，N_A 为阿伏伽德罗常数（6.022×10^{23}）；M 为吸附质气体的摩尔质量（如氮气的摩尔质量为 28.0134 g/mol）；A_{cs} 为吸附质气体的横截面积（如氮气分子在 -197.3℃时横截面积为 16.2 Å^2）。

将吸附剂的总表面积除以质量即可推导出实测样品的比表面积：

$$SSA = \frac{S_t}{W} \tag{7.8}$$

当常数 C 很大时，BET 吸附等温线在纵坐标上的截距接近为零。此时，BET 吸附等温线是一条过原点的直线，气体吸附实验只需测一个点即可求出样品的比表面积。反之，吸附实验通常需要开展多点测量（通常需要测 3 组数据）才能解出 BET 二常数方程，然后再据其计算样品的比表面积（图 7.2）。比表面积的计算实例见表 7.1，或见参考文献 Leddy（2012）。

表 7.1　基于 BET 多点测量法［据式（7.2）~式(7.8)］求取的
印度切里亚盆地下二叠统巴拉卡组页岩比表面积

相对压力（P/P_0）	标准状况（STP）比吸附体积/（cm^3/g）	$1/W\left[(P_0/P)-1\right]$
0.066996	1.3218	0.054326
0.083589	1.377	0.066242
0.108404	1.448	0.083969
0.132992	1.5122	0.101434
0.163123	1.5865	0.122863
0.182321	1.631	0.136707
0.206959	1.6847	0.154902
0.235316	1.7434	0.176514
0.256323	1.7893	0.192624
0.280997	1.8439	0.211952
0.305639	1.8973	0.232001

斜率：$S = 0.739948 \pm 0.005450$

纵坐标截距：$i = 0.003352 \pm 0.001086$

相关系数：$r = 0.999756$

BET 常数：$C = 221.76$

比表面积：$SSA = 5.86 \text{m}^2/\text{g}$

7.2.2 BJH 法

BJH 法是应用最为广泛的页岩孔隙体积和孔径分布测定方法，通常使用氮气吸附等温线的吸附和脱附分支来定量计算样品主要孔径的分布（Barrett et al.，1951）。BJH 法的基础是 Kelvin 毛细凝聚理论，即通过 Kelvin 方程的迭代来求取样品介孔的孔径分布。Kelvin 方程建立了毛细孔内孔径和凝聚压力的关系，其假设前提是视孔隙为规则的圆柱形，而且凝聚液和孔壁不发生相互作用。

Kelvin 方程的一般表达式（Pirngruber，2016）如下：

$$\ln \frac{P_{cap}}{P_{sat}} = -\frac{V_m \gamma}{RT} \cdot \frac{dA}{dV} \tag{7.9}$$

式中，P_{cap} 为吸附质在毛细孔内承受的毛细管压力；P_{sat} 为吸附质在毛细孔内的饱和蒸气压；V_m 为摩尔体积；dV/dA 为体积相对面积增量的变化率；γ 为液体（如液氮）的表面张力；R 为气体常数；T 为吸附质的热力学温度。

dV/dA 取决于孔隙的几何形态，若孔隙为球形，$dV/dA = r/2$（r 为孔隙的半径）；若孔隙为圆筒状，$dV/dA = r$；若孔隙为狭缝或长条形态，$dV/dA = 2r$ 或 d（d 为狭缝最窄处孔隙的直径）。

若考虑孔隙的几何形态，可在 Kelvin 方程中加入孔隙的迂曲（曲折）度参数 r，从而将式（7.9）改写成

$$\ln \frac{P_{cap}}{P_{sat}} = -\frac{2}{r}\frac{V_m \gamma}{RT} \tag{7.10}$$

开展低压气体吸附实验时，可利用式（7.10）来描述孔隙内吸附质凝聚和蒸发过程的毛细管压力，尤其在孔隙的孔壁有吸附质凝聚液半充填时。在这种情况下，毛细孔内的毛管压力（ΔP）是孔隙内气相–液相（吸附质凝聚液）弯曲液面凹面一侧的气相压力与凸面一侧的液相压力之差，其方向与界面张力（γ）方向相反，作用是将凝聚液膜推向孔壁（图7.3）。毛细体系内弯曲液面的这种受力情况使得凹面上的饱和蒸气压小于平面上的饱和蒸气压，故在相同温度下，平面上的蒸气尚未饱和时，毛细管凹面上的蒸气就已达饱和。这反过来意味着在低压气体吸附实验的脱附过程中，脱附作用受控于孔隙的几何形态，即伴随着压力逐步下降（假设从阶段 $n-1$ 至 n，压力从 P_{n-1} 下降至 P_n），脱附的顺序是先大孔后小孔（图7.4、图7.5）。Barrett 等（1951）推导出了脱附过程中凝聚液脱附量（蒸发量）与孔径的变化关系：

$$\Delta V = \frac{(r_k + \Delta t)^2}{r_p^2} \cdot V_p \tag{7.11}$$

式中，V_p 为孔隙总体积；ΔV 为脱附过程中，压力从 P_{n-1} 递减至 P_n 时，凝聚液的脱附体积。随着 ΔV 累加，孔喉从完全充填吸附质凝聚液向部分充填过渡，孔壁上吸附质凝聚液的液膜厚度逐渐减薄；r_p 为真孔喉半径；r_k 为视孔喉半径（充填吸附质气体毛细孔的半径）；t 为孔壁上的吸附质凝聚液的液膜厚度；Δt 为压力从 P_{n-1} 递减至 P_n 时液膜厚度 t 的变化量。

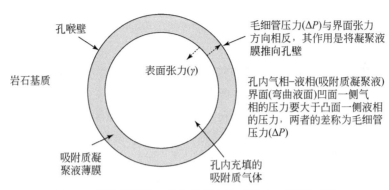

图 7.3　圆筒状孔隙内半充填凝聚液时的毛细管压力图解

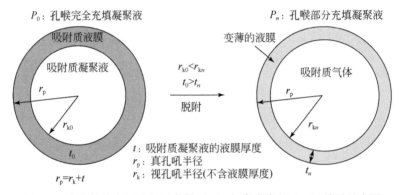

图 7.4　半充填状态下孔喉视半径（r_k）与真实半径（r_p）关系示意图

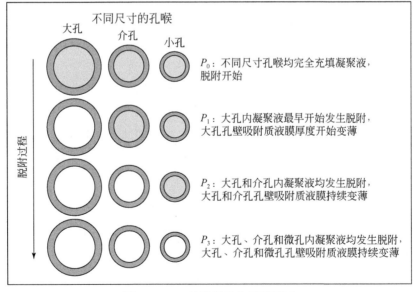

图 7.5　BJH 法孔径分布模型图解

在低压气体吸附实验的脱附过程中，r_p、r_k 和 Δt 之间的关系如图 7.4 所示，三者存在如下数学关系：

$$r_p = r_k + t \tag{7.12}$$

据式（7.11）可知，BJH 法建立了凝聚液脱附体积与视孔喉半径的关系，因此可利用毛细体系内的凝聚液脱附量和相对压力变化（脱附等温线）来定量分析多孔介质（样品）的孔径分布（图 7.5）。

在脱附的逐步降压过程中，若已知真孔喉半径（r_p），那么将式（7.12）代入式（7.10）可推导出视孔喉半径（r_k）的计算公式：

$$\lg(P/P_0) = \frac{-2\gamma V_m}{8.316 \times 10^7 \times 2.303 T r_k} = \frac{-4.14}{r_k} \tag{7.13}$$

式中，γ 为氮气凝聚液的表面张力，γ 取 8.85 dyn[①]/cm；V_m 为氮气的摩尔体积，通常取 34.65 cm³/mol；r_k 为毛细孔的视半径（cm、nm 或 Å）；T 为吸附质的热力学温度，T 取 77.3 K；8.316×10^7 是气体常数的默认值，其单位为 erg[②] · mol⁻¹ · K⁻¹。

Barrett 等（1951）还推导了降压脱附过程中，每一步降压过程对应的吸附质凝聚液体积增量（蒸发量）、液膜厚度和孔径之间的关系：

$$V_{pn} = \frac{r_{pn}^2}{(r_{kn} + \Delta t_n)^2} \cdot \Delta V_n - \frac{r_{pn}^2}{(r_{kn} + \Delta t_n)^2} \cdot \Delta t_n \cdot \sum_{j=1}^{j=n-1} \frac{r_{pj} - t_j}{r_{pj}} \cdot A_{pj} \tag{7.14}$$

式中，r_k 为视孔喉半径，据式（7.13）计算；Δt_n 为第 n 步降压对应的吸附质液膜厚度递减量；ΔV_n 为第 n 步降压对应的凝聚液脱附量；A_p 为孔喉表面积。

据式（7.14）可计算出每一步降压脱附过程中孔隙体积增量与孔径大小，再将孔体积对孔径作图即可求出实测试样的孔径分布。

式（7.14）中孔喉表面积 A_p 可视为常数，其大小取决于孔径的尺寸，计算公式如下：

$$A_p = 2\frac{V_p}{r_p} \tag{7.15}$$

由式（7.10）可知，在低压气体吸附实验的脱附过程中，随着压力下降，不同尺寸的孔喉将从大至小相继发生脱附，因此还需要计算出不同尺寸孔喉的总表面积 $\sum A_p$（Barrett et al., 1951）。

尽管应用广泛，但 BJH 法也有明显的不足：一是，该方法提出时仅针对吸附等温线的脱附分支，但后来也用于分析等温线的吸附分支，因为等温线脱附分支通常存在假峰或陡降的现象，据此脱附分支数据计算的孔径分布图通常不准确或会出现假峰；二是，BJH 法用于微孔的分析会导致孔径低估，因为微孔内凝聚液与孔壁之间的相互作用力已大到不能忽视，而且 Kelvin 方程不适用于高迁曲（曲折）度的小孔。

7.2.3　DR 法和 DA 法

除了前述的 BET 法和 BJH 法，还有一些常用的针对微孔的等温吸附实验数据处理方

---

① 1 dyn = 10⁻⁵ N。

② 1 erg = 10⁻⁷ J。

法，如由 Dubinin 和 Radushkevich（1947）提出，经 Stoeckli 和 Houriet（1976）进一步论述的 DR 法，以及基于吸附质层厚度统计的 HJ 法（Harkins and Jura，1944）和 FHH（Frenkel-Halsey-Hill）法（Halsey，1948；Hill，1952；Gregg and Sing，1982）。此处重点阐述 DR 法及其修正法——DA 法。

DR 法的理论基础是微孔填充理论。该理论认为微孔内气体的吸附行为是填充，而不是单分子层和多分子层吸附理论等所描述的表面覆盖，吸附剂被吸附质充占的体积可定义为微孔充填率（θ），其是吸附势 α 的函数。

二氧化碳气体能够在 0℃ 或室温条件下在岩石中的一些较小的纳米孔中渗流（Clarkson and Bustin，1999；Ross and Bustin，2009）。因此，二氧化碳气体吸附等温线可用于定量分析致密岩石（发育大量纳米孔）微孔隙的孔体积和比表面积。开展页岩低压力气体吸附实验时以二氧化碳气体作为吸附质还有两个优点：一是，二氧化碳能够在干酪根的纳米孔中以吸附状态赋存（Kang et al.，2011）；二是，富有机质页岩是二氧化碳气体的天然分子筛，二氧化碳分子可以通过其中，其他纯的烃类气体则不能。

二氧化碳气体吸附等温线的孔体积分布计算通常使用 DR 方程。其中，DR 方程是 Dubinin 和 Radushkevich（1947）针对中、低压气体吸附实验推导出的等温方程（微孔填充理论），其理论依据是吸附势理论。吸附势（α）定义为将 1mol 吸附质气体吸附至吸附剂所做的功：

$$\alpha = RT\ln\left(\frac{P_0}{P}\right) \tag{7.16}$$

DR 方程一般表达式如下：

$$\frac{W}{W_0} = \exp\left[-B\left(\frac{T}{\beta}\right)^2 \cdot \lg^2\left(\frac{P_0}{P}\right)\right] \tag{7.17}$$

式中，B 为吸附剂的结构参数；W 为平衡压力下吸附质的吸附体积；W_0 为饱和时吸附质的吸附体积，等同于微孔总体积（cm^3/g）；R 为气体常数；T 为吸附质的热力学温度，K；B 为吸附剂结构常数，其大小取决于吸附剂的孔隙结构；β 为相似常数（亲和系数），其大小一般根据吸附质液体在沸点时的摩尔体积与标准吸附质苯（$\beta = 1$）的体积之比计算，例如，二氧化碳在 273.15 K 时相似常数为 0.46；k 为特征常数，是微孔累积体积高斯分布的宽度与标准吸附势（α/β）的商。

式（7.17）中吸附剂结构参数 B 通常具有如下表达式：

$$B = 2.303\frac{R^2}{k} \tag{7.18}$$

式（7.17）还有另一种表达方式：

$$2.303\lg W = 2.303\lg W_0 - D\lg^2\left(\frac{P_0}{P}\right) \tag{7.19}$$

式中，

$$D = B\left(\frac{T}{\beta}\right)^2 \tag{7.20}$$

式（7.19）可用于计算微孔隙的总体积，即以 $\lg W$ 对 $\lg^2(P_0/P)$ 作图可得一条直线，其截距即为微孔隙的总体积 W_0，斜率为 B/β。

分别选用 DR 法和 Langmuir 法对低压二氧化碳气体吸附实验的数据进行计算表明，DR 法计算出的吸附质饱和吸附体积（微孔总体积）与 Langmuir 法计算出的吸附质单分子层饱和吸附体积具有良好的正相关关系（Clarkson and Bustin，1999）。

为了达到更好的数据拟合效果，Dubinin 和 Astakhov（1971）用一个较小的整数 n 来替代 DR 方程 ［式（7.19）］中的指数 2，从而推导出 DR 方程的另一种表达方式——DA 方程。DR 方程 ［式（7.19）］可视为 $n=2$ 时的 DA 方程。DA 方程的一般表达式如下：

$$W = W_0 \exp\left[-\left(\frac{A}{\beta E_0}\right)^n\right] \tag{7.21}$$

式中，

$$A = RT \cdot \ln\left(\frac{P_0}{P}\right) \tag{7.22}$$

式（7.21）中 E_0 是特征吸附势（当 $\theta = 1/e = 0.368$ 时，$E_0 = \alpha$），其与 DR 方程中的吸附剂结构参数 B 存在如下关系：

$$B = \left[2.303 \cdot \left(\frac{R}{E_0}\right)\right]^2 \tag{7.23}$$

与 BET 模型一样，DR 和 DA 模型提出时都只针对表面能量均匀的孔隙，而不是富有机质页岩复杂的孔喉体系（Li et al.，2016a，2016b）。富有机质页岩远不能视为均质材料，其内部含有不同类型的孔隙，包括纳米孔、微孔、介孔和大孔。因此，不同类型的孔隙结构计算模型只适用于分析页岩中不同类型的孔隙。

7.2.4　Stoeckli 方程

Stoeckli 等（1989）对 DR 和 DA 方程作进一步分析后得出，当指数 $n=3$ 时，DA 方程可用于分段描述孔径和孔体积，每个区间段的孔径和孔体积具有如下关系：

$$V_a^g = V_0^g \exp\left[-\left(\frac{AL}{\beta K_0}\right)^3\right] \tag{7.24}$$

$$A = -RT/\ln\left(\frac{P_0}{P}\right) \tag{7.25}$$

式中，V_a^g 为与相对压力 P/P_0 对应的特定类型孔隙的吸附质吸附体积；V_0^g 为特定类型孔隙的总体积；K_0 为特征吸附势 E_0 平均值与亲和系数 β 的乘积；L 为特定类型孔隙的平均孔径。

通常认为式（7.24）中特定类型孔隙的平均孔径 L 都符合伽马型分布（一种连续的概率函数）（Carrott and Bustin，1999），都具有如下概率分布函数：

$$\frac{dv}{dL} = \frac{3v_0\, a^m\, L^{m-1} \exp(-a L^3)}{\Gamma(m)} \tag{7.26}$$

式中，v_0 为孔隙的总体积；a 和 m 分别为孔径均值和孔径分布宽度，为常数。

将式（7.26）代入式（7.24）可开展拉普拉斯变换，从而推导出 Stoeckli 方程：

$$V_a = V_0 \left[\frac{a}{a + (A/\beta K_0)^3}\right]^m \tag{7.27}$$

式中，V_a 为实测的吸附质吸附体积；V_0 为微孔隙总体积。

根据式（7.27）无法同时确定参数 a 和 K_0，因此需要先根据式（7.24）求出 K_0。一旦求出 K_0，即可根据式（7.27）对低压气体吸附实验的实测数据进行拟合，求取参数 a、m 和 V_0。这些变量确定之后，可根据式（7.26）求出实测样品的孔径分布。

从以上论述可知，依据 Stoeckli 方程来研究孔径分布在数学上实现起来相当麻烦。例如，Li 等（2016a，2016b）对取自重庆东南部页岩样品分别开展了低压氮气和二氧化碳气体吸附实验，并选用 Stoeckli 方程对二氧化碳气体吸附实验数据进行了计算，进而求出了页岩微孔简单的孔径分布。由于二氧化碳气体吸附等温线记录的是不同尺寸孔喉气体吸附量的累加值，还需要分别计算出两个相邻数据点（相对压力-吸附体积）对应的孔径和孔体积。其中，相邻数据点的连线有着不同的截距 W_0 和斜率 B_j，对应于特定尺寸的孔喉。

前述所有的等温线模型都以一系列假设为前提，因此通常不可能据其求取出准确的孔隙体积、孔隙表面积或孔径分布。尽管计算结果的误差存在不确定性，但这并不影响它们在富有机质页岩孔隙表征中的应用。对同一页岩气产区系统采集的样品（TOC 和成熟度逐渐变化的样品）开展低压气体（氮气和二氧化碳是理想的气体）吸附实验，并使用不同的等温方程，通常可以获得有实用价值的孔径分布、孔体积和孔隙总表面积。它们是页岩油气储量计算和产能评估的重要参数。通常认为既具有现实意义，又在技术上是可测的孔隙，其孔径应介于 0.25~800 nm（或 2.5 Å<孔隙度<8000 Å）（Meyer and Klobes，1999；Klobes et al.，2006）。

7.3　试样目数对低压气体吸附的影响

开展低压气体吸附分析时通常需要对试样作碎样前处理，以缩短吸附质气体在试样内渗流路径的长度，使得吸附质气体能够充分进入试样内部复杂的孔隙结构（Kuila and Prasad，2013）。美国气体研究所（The Cas Research Institute，GRI）在开展页岩岩心物性分析时，率先对试样开展了碎样前处理（Luffel and Guidry，1992）。由于没有统一的前处理碎样标准，不同的研究人员在开展低压气体吸附分析时通常将试样粉碎至不同的粒径，如 8 mm（Schmitt et al.，2013）、250 μm~1.4 mm（Mohammad et al.，2013）、800 μm~1 mm（Hazra et al.，2018a）和小于 250 μm（Ross and Bustin，2009；Strapoć et al.，2010；Chalmers et al.，2012；Clarkson et al.，2013；Yang et al.，2014；Wang et al.，2016；Hazra et al.，2018b），以小于 250 μm 最为常见。

最近，一些研究表明试样的大小对低压气体吸附分析的结果有显著影响（Chen et al.，2015；Han et al.，2016；Mastalerz et al.，2017；Wei et al.，2016；Hazra et al.，2018c）。Chen 等（2015）开展的气体吸附分析表明，随着粉碎试样目数增大，实测介孔体积会增大，微孔体积的变化则无明显趋势。他们观察到，随着碎样粒径的减小，孔隙的连通性趋好，实测等温线回滞环的吸附和脱附分支更加靠近，并且在压力变化后吸附重新达到平衡的时间缩短。Han 等（2016）对粉碎至不同粒径（58 μm~4 mm）的龙马溪组页岩开展了气体吸附分析，结果同样表明随着试样粒径减小，实测试样的孔隙体积和表面积明显增大，而且等温线回滞环吸附和脱附分支线的分布也更为靠近。他们依据实验结果认为，开展低压气体吸附分析时将页岩粉碎至粒径<113 μm实验效果最佳。Wei 等（2016）基于四川盆地页岩的低压气体吸附分析结果则认为将页岩粉碎至粒径介于140~250 μm时实验效果最佳。Mastalerz 等（2017）基于美国伊利诺伊（Illinois）盆地不同成熟度页岩的低压气体吸附分析结果则认为将页岩粉碎至粒径约为75 μm的实验效果最佳。Hazra 等（2018c）分别对 TOC 和成熟度均不相同的两套页岩开展了氮气和二氧化碳气体吸附分析，实验中试样被粉碎至不同的粒径（介于53 μm~1 mm）。该实验结果表明，随着试样粒径从1mm降低至212 μm，一些原先呈分离、孤立状的孔隙会被打开，但当试样粒径从212 μm继续减小至75 μm，介孔和微孔会因页岩的孔隙结构被破坏而发生结构变化。据此，他们认为开展低压气体吸附实验时应避免将页岩粉碎至粒径小于100 μm。

图 7.6 展示了 Brarren Measures 组（高 TOC、低成熟）和巴拉卡组（高 TOC、过成熟）两套二叠系页岩两种粒径（1~2 mm 和75~212 μm）试样的低压氮气吸附等温线。两种粒级碎样的气体吸附实验数据计算结果见表7.2。据表7.2可知，与粗碎样相比，细碎样的吸附质气体吸附体积（BJH 法）与比表面积（BET 法）要偏大一些。图 7.6（a）（b）所示的等温线具有 Ⅱ B 型（Rouquerol et al., 1998；Kuila and Prasad, 2013）形态，即可见常见于 Ⅳ 型等温线（图 7.1）的回滞环却未见与之相对应的常见的平台。前者说明试样发育有介孔，后者说明试样还发育有大孔。在等温线相对压力介于0.98~1.0 的高压段，图 7.6（a）坡度偏缓，图 7.6（b）则偏陡，这说明碎样较细时，检测到的大孔更多。

表 7.2　两套二叠系页岩两种粒径试样及其低压氮气吸附实验数据处理计算结果（样品采自印度）

试样信息	孔隙结构参数	碎样粒径 1~2 mm	碎样粒径 75~212 μm
试样号：BMF2（高 TOC） 地层：Barren measures 组 盆地：拉尼根杰 TOC：7.84% T_{max}：439℃	BET 比表面积/(m²/g)	18.03	19.77
	BET 方程常数 C	489.015	499.932
	平均孔半径/Å	23.72	27.74
	BJH 法孔体积/(cm³/g)	0.022	0.026
	V_G/(cm³/g)	14.59	17.73
	ΔV_G/(cm³/g)	1.08	2.52
试样号：Bar2（碳质页岩） 地层：巴拉卡组 盆地：切里亚 TOC：23.18% T_{max}：477℃	BET 比表面积/(m²/g)	2.26	5.86
	BET 方程常数 C	-132.019	221.765
	平均孔半径/Å	25.48	34.57
	BJH 法孔体积/(cm³/g)	0.003	0.009
	V_G/(cm³/g)	1.86	6.55
	ΔV_G/(cm³/g)		

　　注：V_G是试样的吸附质气体最大的吸附体积；ΔV_G是等温线吸附分支最后两个高相对压力数据点之间对应的气体吸附体积增量，其值越大表明等温线吸附分支在相对压力接近 1 时越陡，试样大孔越发育。

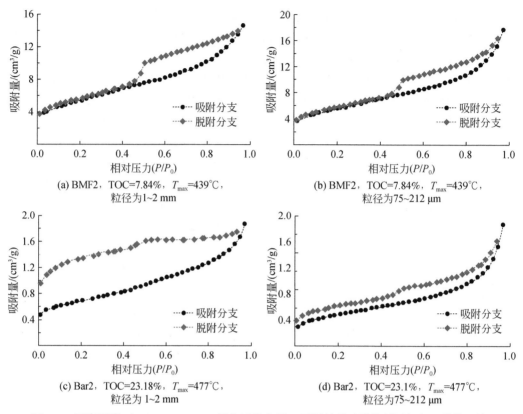

图 7.6　两套页岩（Brarren Measures 组和巴拉卡组）不同粒径碎样的低压氮气吸附等温线

表 7.2 还显示，与粗碎样相比，细碎样的 ΔV_G 和吸附质气体吸附体积明显偏高，平均孔径和孔体积也更大。其中，ΔV_G 指最后两个高相对压力数据点之间对应的气体吸附体积增量，由 Hazra 等（2018a）提出。与粗碎样相比，细碎样等温线回滞环吸附和脱附分支线的分布更为靠近（图 7.6），这种差异通常被认为是因为吸附气在细碎样中的脱附路径要短于粗碎样。

气体吸附体积（BJH 法）增加、比表面积（BET 法）增大及回滞环两分支曲线间距变窄，说明氮气更容易进入页岩细碎样内部的孔隙结构。相比较而言，氮气很难进入粗碎样的基质孔。这很可能是因为随着碎样粒径的减小，早期分离、孤立的介孔或大孔得以暴露，氮气进入更多的孔隙。

Hazra 等（2018c）还注意到，当试样被粉碎至更细（粒径<75 μm）时，部分试样的实测孔隙结构数据并不完全符合上述的变化，尽管孔径和孔体积跳增，但比表面积却减小。他们认为这种现象可能是因为更细的碎样处理将更多的孔隙打开，同时使相对大的孔隙（介孔和大孔）得以暴露于吸附质气体中。

与成熟度偏低的试样（BMF2）相比，过成熟碳质页岩试样（Bar2）的氮气吸附分析受碎样粒径的影响更为明显。碎样粒度对该样品比表面积的影响无法评价，因为碎样较粗（粒径 1 ~ 2 mm）时，BET 常数 C 为负值，实测的比表面积不可靠［通常认为常数 C 太低（<2）或为负值时 BET 方法不适用（Thommes et al.，2015）］。碎样粒度对该样品的等温线

影响显著。粗碎样（粒径 1~2 mm）等温线的脱附分支与吸附分支呈分离状，且随着相对压力下降并没有再次与吸附分支相交 [图 7.6（c）]；细碎样（粒径 75~212 μm）等温线仍可观察到回滞环，但其吸附和脱附分支之间的间距很窄 [图 7.6（d）]。这表明碎样较细时检测到的介孔更多，反之则以微孔为主。细碎样（粒径 75~212 μm）的孔体积（BJH 法）和最大气体吸附量明显偏大，这表明偏细的碎样处理使得更多的孔隙空间得以暴露，而这部分孔隙空间在粗碎样中通常呈孤立状。

　　作为低压氮气吸附法的对比，作者还对两套二叠系页岩两种粒径试样开展了低压二氧化碳气体吸附分析，实验数据的孔隙结构计算结果及等温线分别见表 7.3 和图 7.7。表 7.3 数据显示随着碎样粒径减小，两套试样的最大气体吸附量、微孔表面积（DA 法和 DR 法）和微孔体积均增大，这与低压氮气吸附分析结果一致，也表明当试样被粉碎至更细时，偏粗碎样中呈孤立状的微孔隙将被暴露于吸附质二氧化碳气体中，从而使更多的二氧化碳气体进入微孔。表 7.3 还显示与低成熟试样 BMF2 相比，过成熟试样 Bar2 的微孔表面积和微孔体积偏高，孔径则略低，这种变化趋势与低压氮气吸附法（表 7.2）明显不一致，详细解释见 7.4 节和 7.5 节。

表 7.3　两套二叠系页岩两种粒径试样及其低压二氧化碳气体吸附实验数据处理计算结果（样品同表 7.2）

试样信息		孔隙结构参数	粒径 1~2 mm	粒径 75~212 μm
试样号：BMF2（高 TOC）		DA 法微孔表面积	21.75	31.91
地层：　Barren measures 组		DA 法微孔体积	0.009	0.013
盆地：　拉尼根杰		DA 法平均等效孔半径	8.40	8.30
TOC：　7.84%		DR 法微孔体积	21.99	33.04
$T_{\max}$：　439℃		$V_{\mathrm{G}}/(\mathrm{cm}^3/\mathrm{g})$		
试样号：Bar2（碳质页岩）		DA 法微孔表面积	39.52	47.89
地层：　巴拉卡组		DA 法微孔体积	0.017	0.020
盆地：　切里亚		DA 法平均等效孔半径	8.35	8.20
TOC：　23.18%		DR 法微孔体积	41.28	49.01
$T_{\max}$：　477℃		$V_{\mathrm{G}}/(\mathrm{cm}^3/\mathrm{g})$	4.28	5.57

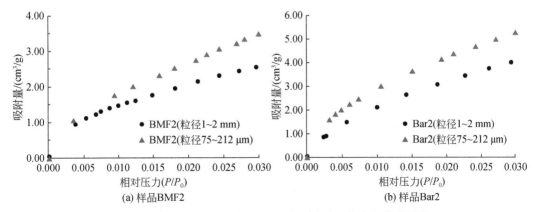

图 7.7　两套页岩（Brarren Measures 组页岩和巴拉卡组碳质页岩）
不同粒径碎样的低压二氧化碳气体吸附等温线

7.4 页岩孔隙结构特征及控制因素

有机组分和成熟度是否控制了页岩的比表面积仍然是一个有争论的话题，尤其是 TOC 的影响。

一些研究得出 TOC 和比表面积（BET 法）之间存在正相关关系（图 7.8），但其他的则得出两者之间没有相关性，甚至呈负相关关系（图 7.9）。图 7.10 也显示采集自印度不同盆地二叠系的煤和页岩样品，其 TOC 与比表面积不但无正相关关系，反而呈负相关关系。这些采集自印度的煤和页岩样品几乎具有相同的成熟度（处于生油窗和湿气窗阶段，据 R_o 测定），而且所含有机质的干酪根类型主要是Ⅲ–Ⅳ型（Mendhe et al., 2017a, 2017b；Hazra et al., 2018a, 2018b），但 TOC 极高的煤却有着非常低的比表面积（BET 法）（图 7.10）。图 7.10 中比表面积与 TOC 之间的负相关关系可很好地说明富有机质岩相的比表面积可能并不完全受有机质含量控制，但这样的结论显然与大量的观察事实相矛盾，因为大量观察表明页岩气和煤层气储层中的天然气主要以吸附的形式赋存于有机质孔，其次才是无机的矿物质孔（Cheng and Huang, 2004；Chalmers and Bustin, 2007；Varma et al., 2014a, 2014b）。页岩的 TOC 与比表面积之间的负相关关系通常有两种解释：一是，气体吸附实验存在不足，实验结果不能反映页岩真实的孔隙结构，例如一般认为氮气只能进入有机质一部分复杂的孔隙结构中，尤其是纳米孔；二是，倾油型页岩处于未成熟或低成熟阶段时，页岩中的部分有机质孔会被沥青或凝析油充填，从而导致此类孔隙在气体吸附实验中可能无法被氮气充注并被检测出来（Ross and Bustin, 2009）。后一种成因解释适用于低成熟的倾油型富有机质页岩，却不适用于倾气型富有机质页岩。这是因为随着成熟度的增加及其伴随的烃类排出，倾油型富有机质页岩在气体吸附实验中将有更多的孔隙可被氮气充注并被检出；相反，因有机质类型以Ⅲ–Ⅳ型干酪根为主，倾气型富有机质页岩在热演化过程中主要生成天然气，其始终不会出现大量孔隙被沥青或凝析油充填的现象。

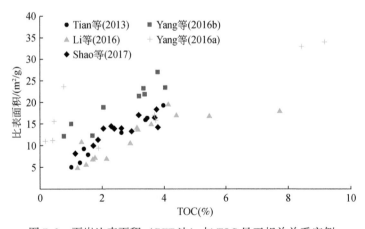

图 7.8 页岩比表面积（BET 法）与 TOC 呈正相关关系实例

（Tian et al., 2013；Li et al., 2016a, 2016b；Yang et al., 2016a, 2016b；Shao et al., 2017）

译者注：原著图中未区分 Li 等（2016a）和 Li 等（2016b）

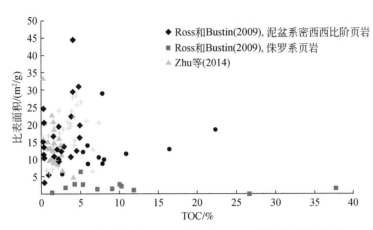

图 7.9　页岩比表面积（BET 法）与 TOC 无明显相关性实例

（Ross and Bustin，2009；Zhu et al.，2014；Xia et al.，2017；Hazra et al.，2018a）

译者注：原著未解释"+"和"●"代表的文献

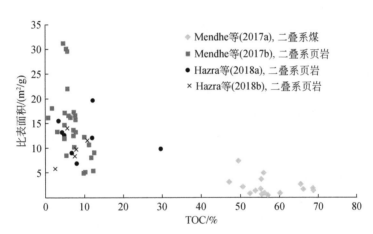

图 7.10　二叠系页岩和煤的比表面积（BET 法）与 TOC 交会图

（Mendhe et al.，2017a，2017b；Hazra et al.，2018a，2018b）

　　一些研究讨论了成熟度对页岩比表面积的影响。Ross 等（2009）在研究西加拿大盆地的页岩孔隙时发现，未达热成熟的泥盆系密西西比阶页岩比已达热成熟的侏罗系页岩具有更高的比表面积（BET 法）（图 7.9），其中，侏罗系页岩的比表面积小可能还与其孔隙空间广泛充填无定形沥青相关。Hazra 等（2018b）发现拉尼根杰盆地二叠系页岩高的比表面积（BET 法）受控于局部高的地温场（由火成岩侵入引起），而无关 TOC。与未遭受热变质的页岩相比，热变质的页岩通常具有较高的比表面积和孔体积，但孔径偏小。这些发现表明，成熟度较高的富有机质页岩很可能具有较高的比表面积，这通常被认为与有机质的排烃及相伴随的次生孔隙形成有关。但是，有研究发现成熟度与页岩比表面积和孔隙体积并不完全呈线性关系。例如，Chen 和 Xiao（2014）对取自中国不同地区的两块上二叠统低成熟度富有机质页岩和一块渐新统低成熟度贫有机质页岩进行了热演化模拟，并开展孔隙结构分析，结果表明富有机质页岩从低成熟阶段早期（相当于生油窗）至过成熟阶段（R_o约为3.5%），其微孔的体积和表面积的变化趋势明显呈先增加后减小，拐点位于R_o约为3.5%处；其介孔的表面积变化趋势与微孔相似，也是先增大后减小，但介孔的体积则持续增大。他们将孔隙表面积随成熟度上升的这种变化趋势归因于纳米孔的演化，即纳米孔在R_o<3.5%之前随有机质的热解生孔（纳米孔）逐渐增加，在R_o>3.5%之后则因遭破坏持续减少。

综上所述，随着TOC增大及成熟度上升，富有机质岩相孔隙结构的总体变化趋势是纳米孔增多，比表面积和孔（包括微孔和介孔）体积增大。但是，因受诸多因素影响，这种正相关关系有时并不明显，甚至出现反转。这些影响因素可能也包括低压气体吸附实验自身的不足。例如，前述已经提及BMF2和Bar2两组页岩（表7.2、表7.3）细碎样（粒径75~212 μm）的氮气和二氧化碳气体吸附实验孔隙结构计算结果不完全一致：氮气吸附分析得出，前者的比表面积要大于后者，孔径要小于后者；二氧化碳气体吸附分析则得出，前者的比表面积（包括DR法和DA法）和孔体积都小于后者，孔径（DA法）则大于后者。作者认为这两种气体吸附实验孔隙结构计算结果（表7.2、表7.3）的差异很可能由低压氮气吸附实验的不足所致。因为，氮气吸附实验通常在-197.3℃的低温条件下进行，在如此低的温度下氮气分子可能因热能过低无法进入页岩中广泛分布在纳米孔系统，进而导致实测的气体吸附量失真，造成微孔比表面积被低估。不同于低压氮气吸附实验，低压二氧化碳气体吸附实验通常在0℃进行，在此温度下具有较高热能的二氧化碳分子更容易进入页岩中的纳米孔系统并吸附于孔壁。基于气体分子这样的热动力学特征，许多学者认为二氧化碳气体吸附法更适用于测量微孔的比表面积（Unsworth et al., 1989；Ross and Bustin, 2009）。这也合理地解释了低压氮气吸附实验中，BMF2和Bar2两套页岩比表面积与TOC之间的反相关关系，即TOC高的样品Bar2具有更低的比表面积（BET法）。

由前述氮气和二氧化碳气体吸附实验的特点可知，利用气体吸附法开展页岩孔隙结构计算时不应单独使用氮气吸附分析法，应将其与二氧化碳气体吸附联合使用：当页岩试样中有机质的介孔数量超过纳米孔时，使用氮气吸附法计算比表面积（BET法）更准确；相反，当页岩表现为纳米孔发育、孔隙连通和孔径分布复杂时，应选用二氧化碳气体吸附法，若使用氮气吸附法，所测得的比表面积只能被视为真实值的最小估值。在开展富有机质页岩孔隙结构评价时，区分氮气和二氧化碳气体吸附分析法的有效性具有重要现实意义，可为页岩气储量计算提供更为准确的关键参数。

7.5 页岩的分形维数

根据气体吸附实验计算得到的孔隙结构参数信息（包括孔隙体积、比表面积、孔径大小等）通常无法给出多孔材料（或储集岩）孔喉及其表面的结构和形态信息，而且这些参数的大小可能随选用的检测方法和计算模型的改变而变化。与此不同，分形维数可以给出多孔材料（或储集岩）孔隙表面内在的几何学属性信息，而且其求取不受孔喉的大小、数量及其他因素影响（Mahamud and Novo，2008），这对于页岩储层的评价有重要的意义。

分形理论最早由 Mandelbrot（1975）提出，用于描述没有特征尺度的非对称或不规则（破碎的）系统，自相似原则是其基本原则（Mahamud and Novo，2008）。由于可对自然界复杂系统的真实属性与状态进行简化描述，分形理论已被用于表征致密岩石的微观孔隙结构，以及研究岩心尺度的粒间充填物（Liu et al.，2014）和孔喉内流体的渗流特征（Sakhaee-Pour and Li，2016）。分形维数 D 是分形理论最重要的概念和内容，它是表征固体材料的表面和结构不规则性的主要参数（Jaroniec，1995），其值常介于 2（完全光滑的固体表面）~3（几何形态极不规则的固体表面）之间。

气体吸附法是公认的研究多孔材料或储集岩分形几何特征的成熟方法（Mandelbrot，1975；Pfeifer and Avnir，1983）。含有机质岩相（如页岩）的分形维数也可通过开展低压气体吸附分析获得，因为有机岩相内气体的吸附和脱附受孔隙的表面和结构的复杂性控制明显（Mahamud and Novo，2008；Yao et al.，2008；Javadpour，2009；Cai et al.，2013；Clarkson et al.，2013；Yuan et al.，2014；Yang et al.，2014；Wang et al.，2016；Wood and Hazra，2017）。研究表明，与氦气或氩气等其他气体相比，氮气吸附法用于求取多孔材料（或储集岩）的分形维数更为有效（Ismail and Pfeifer，1994）。根据气体吸附法求取的分形维数，可对多孔介质（或储集岩）孔隙的表面不规则性和几何结构进行定性和定量评价。

在开展低压氮气吸附分析时，有多种理论模型可用于计算煤或页岩的分形维数，但以 FHH（Frenkel-Halsey-Hill）计算模型最为常用（Yang et al.，2014；Hu et al.，2016；Bu et al.，2015；Li et al.，2016a，2016b）。FHH 计算模型表达式（Qi et al.，2002；Yao et al.，2008）如下：

$$\ln\left(\frac{V}{V_0}\right) = A\ln\left[\ln\left(\frac{P_0}{P}\right)\right] + 常数 \tag{7.28}$$

式中，P 为吸附质气体与吸附剂达到平衡时气体的压力；P_0 为吸附质气体的饱和蒸气压；V 为吸附质气体的吸附量；V_0 为单分子层饱和吸附量；A 为幂律指数，取决于分形维数（D）及吸附的机制。

根据式（7.28）中 $\ln V$ 与 $\ln\left[\ln\left(P_0/P\right)\right]$ 拟合直线的斜率（S）可计算出分形维数 D。该计算过程可使用如下两种公式（Qi et al.，2002；Rigby，2005）：

$$S = D - 3 \tag{7.29}$$
$$S = (D - 3)/3 \tag{7.30}$$

进行低压氮气吸附实验时，当相对压力较低时，因气-液界面的界面张力可忽略不计，吸附作用主要受气-固界面两侧分子间的范德瓦耳斯力控制，吸附质的吸附膜通常沿固体的糙面分布。此时多孔材料（或储集岩）孔隙表面的分形维数应根据式（7.30）计算（Jaroniec，1995）。反之，当吸附实验的相对压力较高时，受控于气-液界面的表面张力，吸附过程表现为毛细体系内的凝聚与蒸发（Pfeifer et al.，1989；Jaroniec，1995）。此时分形维数的计算应使用式（7.29）。为了区分气体吸附实验中不同相对压力条件下测得的分形维数，Khalil 等（2000）和 Yao 等（2008）将低相对压力 P_0/P（0~0.5）条件下测得

的分形维数定义为 D_1，称为孔隙表面分形维数；将高相对压力 P_0/P（0.5～1）条件下测得的分形维数定义为 D_2，称为孔隙结构分形维数。

分形维数的理论值介于 2～3，但实际计算的分形维数 D_1 很可能偏离理论值。计算表明依据式（7.29）计算的分形维数 D_1 很少小于 2，但一些多孔材料依据式（7.30）计算的分形维数 D_1 严重偏离理论值（Pfeifer and Avnir, 1983；Xie, 1996）。例如，图 7.11 对比展示了分别依据式（7.29）和式（7.30）计算的 90 个样品（采集自不同的地质背景或国家）的分形维数 D_1。从图 7.11 可知，使用式（7.29）计算的分形维数 D_1（x 轴）都介于 2～3，而使用式（7.30）计算的分形维数 D_1（y 轴）则普遍<2，后者因计算结果多小于 2 通常被视为不可靠。因此，尽管理论上要求使用式（7.30）来计算分形维数 D_1（Ismail and Pfeifer, 1994），但更多的学者倾向于选用式（7.29）（Bu et al., 2015；Shao et al., 2017；Hazra et al., 2018a, 2018b）。

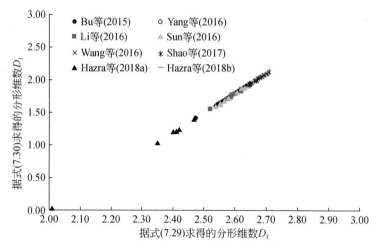

图 7.11　分别据式（7.29）和式（7.30）求得的分形维数 D_1 及其大小变化

富有机质岩相实测的分形维数 D_1 通常小于 D_2（图 7.12）。前述采集自印度二叠系两组样品（BMF2 和 Bar2，表 7.2、表 7.3）的分形维数 D_1 也小于 D_2（表 7.4，图 7.13）。造成 D_1 小于 D_2 的原因通常有两种解释：一是，在吸附实验的低相对压力阶段和高相对压力阶段，气体有着不同的吸附机制。通常认为：介孔和大孔内气体的吸附受控于高相对压力阶段（P_0/P 介于 0.5～1）的毛细凝聚作用，以及发生毛细凝聚作用之前，低相对压力阶段（P_0/P 介于 0～0.5）孔壁上的单层和多层分子的吸附作用（Sing, 2001）。高相对压力阶段的吸附特征是吸附量大，低相对压力阶段的吸附特征是只发生单分子层或多分子层吸附。Sun 等（2016）据此认为高相对压力阶段实测的分形维数 D_2 要大于低相对压力阶段实测的分形维数 D_1。二是，气体吸附实验自身的不足，主要指低压氮气吸附实验检测微孔隙的能力不足。尽管超微孔（孔径为分子直径尺度）的吸附作用也始于相对压力 P/P_0 非常低的实验初始阶段（Rouquerol et al., 1998），即由于间距小的孔壁之间产生了吸附势场叠加，气体在超微孔内会发生不同于表面覆盖（单层或多层分子吸附）的微孔充填吸附（Rouquerol et al., 1998；Lowell et al., 2004），但如前文所述，在低压氮气吸附实验中，氮气因温度过低没有足够的热能进入最狭窄、连通性最差的孔隙（微孔），这会导致微孔含量被低估，进而造成计算出的分形维数 D_1 偏低。因此，微孔隙越发育，富有机质页岩低压氮气吸附法计算出的分形维数 D_1 偏低越明显。

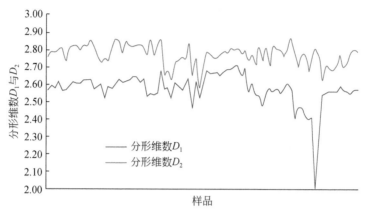

图 7.12　据式（7.29）求得的分形维数 D_1 和 D_2

可见两者大小变化明显且 D_2 均大于 D_1，数据同图 7.11

　　上述造成分形维数 D_1 偏小的原因，可能也适用于解释为什么高成熟页岩样品的分形维数 D_1（据低压气体吸附分析计算）会偏低。例如，表 7.3 低压二氧化碳气体吸附数据计算结果显示，与样品 BMF2 相比，成熟度更高的试样 Bar2 含有更多的微孔和更高的微孔表面积，但其分形维数 D_1 却偏小（表 7.4）。这明显与现在普遍接受的观点不符合，即随着成熟度升高（尤其是成熟度进入生油窗），伴随着烃类排出，有机质会生成次生微孔隙，其孔隙表面会变得更不规则，相应分形维数变大（Behar and Vandenbroucke，1987；Pommer and Milliken，2015）。究其原因可能主要是氮气吸附法的不足导致 Bar2 的分形维数 D_1 被低估，而且热成熟的富有机质页岩孔隙结构越复杂，低估可能越明显。

表 7.4　依据 FHH 计算模型计算的分形维数及计算过程中使用的参数（样品同表 7.2）

试样号	P/P_0 (0.01 ~ 0.50)				P/P_0 (0.50 ~ 1.00)			
	S_1	R_1^2	D_1		S_2	R_2^2	D_2	
			3+S	3+3S			3+S	3+3S
BMF2	−0.414	0.999	2.59	1.76	−0.265	0.998	2.74	2.21
Bar2	−0.437	0.994	2.56	1.69	−0.336	0.998	76	1.99

　　注：S_1、R_1^2 和 D_1 分别指拟合直线的斜率、可决系数和分形维数，在图 7.13 中对应于等温线较低的相对压力区间（P/P_0 介于 0.01 ~ 0.50）；S_2、R_2^2 和 D_2 分别指拟合直线的斜率、可决系数和分形维数，在图 7.13 中对应于等温线较高的相对压力区间（P/P_0 介于 0.50 ~ 1.00）。两块页岩试样的碎样粒径为 75 ~ 212 μm，相应低压气体吸附数据计算结果见表 7.2 和表 7.3。

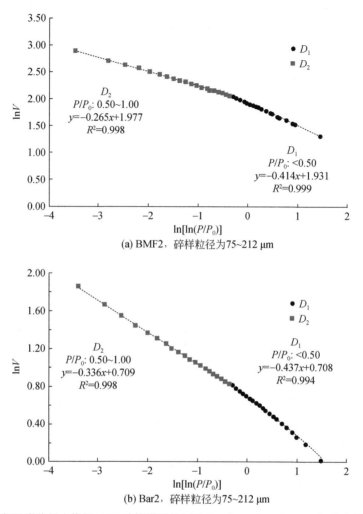

(a) BMF2，碎样粒径为75~212 μm

(b) Bar2，碎样粒径为75~212 μm

图 7.13　氮气吸附分析中依据 FHH 计算模型绘制的 ln$V$ 与 ln［ln（P_0/P）］交会图（等温线）

参 考 文 献

Barrett EP, Joyner LG, Halenda PP（1951）The determination of pore volume and area distributions in porous substances. I. Computations from nitrogen isotherms. J Am Chem Soc 73（1）：373-380

Behar F, Vandenbroucke M（1987）Chemical modelling of kerogens. Org Geochem 11：15-24

Bernard S, Wirth R, Schreiber A, Schulz H-M, Horsfield B（2012a）Formation of nanoporous pyrobitumen residues during maturation of the Barnett Shale（Fort Worth Basin）. Int J Coal Geol 103：3-11

Bernard S, Horsfield B, Schulz H-M, Wirth R, Schreiber A（2012b）Geochemical evolution of organic-rich shales with increasing maturity：a STXM and TEM study of the Posidonia Shale（Lower Toarcian, northern Germany）. Mar Pet Geol 31：70-89

Brunauer S, Deming LS, Deming WS, Teller E（1940）On a theory of the van der Waals adsorption of gases. J Am Chem Soc 62：1723-1732

Bu H, Ju Y, Tan J, Wang G, Li X (2015) Fractal characteristics of pores in nonmarine shales from the Huainan coalfield, eastern China. J Nat Gas Sci Eng 24: 166-177

Cai Y, Liu D, Pan Z, Yao Y, Li J, Qiu Y (2013) Pore structure and its impact on CH_4 adsorption capacity and flow capability of bituminous and subbituminous coals from Northeast China. Fuel 103: 258-268

Camp WK, Wawak B (2013) Enhancing SEM grayscale images through pseudocolor conversion: examples from Eagle Ford, Haynesville, and Marcellus Shales. In: Camp WK, Diaz E, Wawak B (eds) Electron Microscopy of Shale Hydrocarbon Reservoirs 102. AAPG Memoir, pp 15-26

Cardott BJ, Landis CR, Curtis ME (2015) Post-oil solid bitumen network in the Woodford Shale, USA—a potential primary migration pathway. Int J Coal Geol 139: 106-113

Carrott P, Carrott MR (1999) Evaluation of the Stoeckli method for the estimation of micropore size distributions of activated charcoal cloths. Carbon 37 (4): 647-656

Chalmers GRL, Bustin RM (2007) The organic matter distribution and methane capacity of the Lower Cretaceous strata of Northeastern British Columbia, Canada. Int J Coal Geol 70: 223-239

Chalmers GR, Bustin RM, Power IM (2012) Characterization of gas shale pore systems by porosimetry, pycnometry, surface area, and field emission scanning electron microscopy/transmission electron microscopy image analyses: examples from the Barnett, Woodford, Haynesville, Marcellus, and Doig units. AAPG Bull 96: 1099-1119

Chen Y, Wei Y, Mastalerz M, Schimmelmann A (2015) The effect of analytical particle size on gas adsorption porosimetry of shale. Int J Coal Geol 138: 103-112

Chen J, Xiao X (2014) Evolution of nanoporosity in organic-rich shales during thermal maturation. Fuel 129: 173-181

Chen Z, Jiang C (2016) A revised method for organic porosity estimation in shale reservoirs using Rock-Eval data: example from the Duvernay Formation in the Western Canada Sedimentary Basin. AAPG Bull 100: 405-422

Cheng AL, Huang WL (2004) Selective adsorption of hydrocarbon gases on clays and organic matter. Org Geochem 35: 413-423

Clarkson CR, Bustin RM (1999) The effect of pore structure and gas pressure upon the transport properties of coal: a laboratory and modeling study. 1. Isotherms and pore volume distributions. Fuel 78 (11): 1333-1344

Clarkson CR, Solano N, Bustin RM, Bustin AMM, Chalmers GRL, Hec L, Melnichenko YB, Radlinskid AP, Blachd TP (2013) Pore structure characterization of North American shale gas reservoirs using USANS/SANS, gas adsorption, and mercury intrusion. Fuel 103: 606-616

Curtis JB (2002) Fractured shale-gas systems. AAPG Bull 86: 1921-1938

Curtis ME, Ambrose RJ, Sondergeld CH, Rai CS (2010) Structural characterization of gas shales on the micro- and nano-scales. SPE-137693, CSUG/SPE Canadian Unconventional Resources and International Petroleum Conference. October 19-21, 2010, Calgary, Alberta

Curtis ME, Cardott BJ, Sondergeld CH, Rai CS (2012) Development of organic porosity in the Woodford Shale with increasing thermal maturity. Int J Coal Geol 103: 26-31

Desbois G, Urai JL, Kukla PA (2009) Morphology of the pore space in clay stones—evidence from BIB/FIB ion beam sectioning and cryo-SEM observations. eEarth Discussions 4: 1-19

Dubinin MM, Astakhov VA (1971) Description of adsorption equilibria of vapors on zeolites over wide ranges of temperature and pressure. Adv Chem 102 (69): 65-69. https://doi. org/10. 1021/ba- 1971-0102. ch044

Dubinin MM, Radushkevich LV (1947) Equation of the characteristic curve of activated charcoal. Proc Acad Sci USSR 55: 331-333

Gregg SJ, Sing KSW (1982) Adsorption, surface area, and porosity, 2nd edn. Academic Press, New York

Halsey G (1948) Physical adsorption on non-uniform surfaces. J Chem Phys 16: 931

Han H, Cao Y, Chen SJ, Lu JG, Huang CX, Zhu HH, Zhan P, Gao Y (2016) Influence of particle size on gas-adsorption experiments of shales: an example from a Longmaxi Shale sample from the Sichuan Basin, China. Fuel 186: 750-757

Harkins WD, Jura G (1944) Surface of solids. XIII: a vapor adsorption method for the determination of the area of a solid without the assumption of a molecular area, and the areas occupied by nitrogen and other molecules on the surface of a solid. J Am Chem Soc 66 (8): 1366-1373

Hazra B, Wood DA, Vishal V, Varma AK, Sakha D, Singh AK (2018a) Porosity controls and fractal disposition of organic-rich Permian shales using low-pressure adsorption techniques. Fuel 220: 837-848

Hazra B, Wood DA, Kumar S, Saha S, Dutta S, Kumari P, Singh AK (2018b) Fractal disposition and porosity characterization of Lower Permian Raniganj Basin Shales, India. J Nat Gas Sci Eng 59: 452-465

Hazra B, Wood DA, Vishal V, Singh AK (2018c) Pore-characteristics of distinct thermally mature shales: influence of particle sizes on low pressure CO_2 and N_2 adsorption. Energy Fuels 32 (8): 8175-8186

Hill TL (1952) Theory of physical adsorption. Adv Catal IV: 211-257

Hu J, Tang S, Zhang S (2016) Investigation of pore structure and fractal characteristics of the lower Silurian Longmaxi shales in western Hunan and Hubei provinces in China. J Nat Gas Sci Eng 28: 522-535

Ismail IMK, Pfeifer P (1994) Fractal analysis and surface roughness of nonporous carbon fibers and carbon blacks. Langmuir 10: 1532-1538

Jaroniec M (1995) Evaluation of the fractal dimension from a single adsorption isotherm. Langmuir 11: 2316-2317

Jarvie DM, Hill RJ, Ruble TE, Pollastro RM (2007) Unconventional shale-gas systems: the Mississippian Barnett Shale of north-central Texas as one model for thermogenic shale-gas assessment. AAPG Bull 91 (4): 475-500

Javadpour F (2009) Nanopores and apparent permeability of gas flow in mudrocks (shales and siltstone). J Can Pet Technol 48 (8): 16-21

Jennings DS, Antia J (2013) Petrographic characterization of the Eagle Ford Shale, south Texas: mineralogy, common constituents, and distribution of nanometer-scale pore types. In: Camp W, Diaz E, Wawak B (eds) Electron microscopy of shale hydrocarbon reservoirs, vol 102. AAPG Memoir, pp 101-113

Kang SM, Fathi E, Ambrose RJ, Akkutlu IY, Sigal RF (2011) Carbon dioxide storage capacity of organic-rich shales. Soc Pet Eng J 16 (4): 842-855

Khalili NR, Pan M, Sandí G (2000) Determination of fractal dimension of solid carbons from gas and liquid phase adsorption isotherms. Carbon 38: 573-588

Klobes P, Meyer K, Munro RG (2006) Surface area measurements for solid materials. National Institute of Standards and Technology (NIST) Recommended Practice Guide Special Publication 960-17. 89 pages

Kuila U, Prasad M (2013) Specific surface area and pore-size distribution in clays and shales. Geophys Prospect 61: 341-362

Langmuir I (1918) The adsorption of gases on plane surfaces of glass, mica and platinum. J Am Chem Soc 40 (1918): 1361

Leddy N (2012) Surface area and porosity. CMA Analytical workshop. https://www.tcd.ie/CMA/misc/Surface_area_and_porosity.pdf

Li T, Tian H, Chen J, Cheng L (2016a) Application of low pressure gas adsorption to the characterization of poresize distribution of shales: an example from Southeastern Chongqing area, China. J Nat Gas Geosci 1: 221-230

Li A, Ding W, He J, Dai P, Yin S, Xie F (2016b) Investigation of pore structure and fractal characteristics of organic-rich shale reservoir: a case study of Lower Cambrian Qiongzhusi formation in Malong block of eastern Yunnan Province, South China. Mar Pet Geol 70: 46-57

Liu T, Zhang XN, Li Z, Chen ZQ (2014) Research on the homogeneity of asphalt pavement quality using X-ray computed tomography (CT) and fractal theory. Constr Build Mater 68: 587-598

Liu B, Schieber J, Mastalerz M (2017) Combined SEM and reflected light petrography of organic matter in the New Albany Shale (Devonian-Mississippian) in the Illinois Basin: A perspective on organic pore development with thermal maturation. Int J Coal Geol 184: 57-72

Löhr SC, Baruch ET, Hall PA, Kennedy MJ (2015) Is organic pore development in gas shales influenced by the primary porosity and structure of thermally immature organic matter? Org Geochem 87: 119-132

Loucks RG, Reed RM, Ruppel SC, Jarvie DM (2009) Morphology, genesis, and distribution of nanometer-scale pores in siliceous mudstones of the Mississippian Barnett Shale. J Sediment Res 79: 848-861

Lowell S, Shields JE, Thomas MA, Thommes M (2004) Characterization of porous Solids and powders: surface area, pore size and density. Springer Science. ISBN 978-90-481-6633-6

Luffel DL, Guidry FK (1992) New core analysis methods for measuring reservoir rock properties of Devonian shale. J Petrol Technol 44: 1184-1190

Mandelbrot BB (1975) Les Objects Fractals: Forme, Hasard et Dimension. Flammarion, Paris

Mahamud MM, Novo MF (2008) The use of fractal analysis in the textural characterization of coals. Fuel 87: 222-231

Mastalerz M, He L, Melnichenko YB, Rupp JA (2012) Porosity of coal and shale: insights from gas adsorption and SANS/USANS techniques. Energy Fuels 26: 5109-5120

Mastalerz M, Schimmelmann A, Drobniak A, Chen Y (2013) Porosity of Devonian and Mississippian New Albany Shale across a maturation gradient: insights from organic petrology, gas adsorption, and mercury intrusion. AAPG Bull 97: 1621-1643

Mastalerz M, Hampton L, Drobniak A, Loope H (2017) Significance of analytical particle size in low-pressure N_2 and CO_2 adsorption of coal and shale. Int J Coal Geol 178: 122-131

Meyer K, Klobes P (1999) Comparison between different presentations of pore sizedistribution in porous materials. Fresenius J Anal Chem 363 (2): 174-178

Mendhe VA, Mishra S, Varma AK, Kamble AD, Bannerjee M, Sutay T (2017a) Gas reservoir characteristics of the Lower Gondwana Shales in Raniganj Basin of Eastern India. J Petrol Sci Eng 149: 649-664

Mendhe VA, Bannerjee M, Varma AK, Kamble AD, Mishra S, Singh BD (2017b) Fractal and pore dispositions of coal seams with significance to coal bed methane plays of East Bokaro, Jharkhand, India. J Nat Gas Sci Eng 38: 412-433

Milliken KL, Rudnicki M, Awwiller DN, Zhang T (2013) Organic matter-hosted pore system, Marcellus Formation (Devonian), Pennsylvania. AAPG Bull 97: 177-200

Milner M, McLin R, Petriello J (2010) Imaging texture and porosity in mudstones and shales: comparison of secondary and ion-milled backscatter SEM methods. SPE-138975, CSUG/SPE Canadian Unconventional Resources and International Petroleum Conference, Calgary. October 19-21, 2010, Alberta, Canada

Mohammad ML, Rezaee R, Saeedi A, Al Hinai A (2013) Evaluation of pore size spectrum of gas shale reservoirs using low pressure nitrogen adsorption, gas expansion and mercury porosimetry: a case study from the Perth and Canning basins, Western Australia. J Petrol Sci Eng 112: 7-16

Monson PA (2012) Understanding adsorption/desorption hysteresis for fluids in mesoporous materials using simple molecular models and classical density functional theory. Microporous Mesoporous Mater 160: 47

Pfeifer P, Avnir D (1983) Chemistry nonintegral dimensions between two and three. J Phys Chem 79: 3369-3558

Pfeifer P, Wu Y, Cole M, Krim J (1989) Multilayer adsorption on a fractally rough surface. Phys Rev Lett 62: 1997

Pirngruber G (2016) Physisorption and pore size analysis. Characterization of Porous Solids-Characterization of catalysts and surfaces. Institut Francais du Petrole. 68 pages. https://www.ethz.ch/content/dam/ethz/special-interest/chab/icb/van-bokhoven-group-dam/coursework/Characterization-Techniques/2016/physisorption-pore-size-analysis-2016.pdf

Pommer M, Milliken K (2015) Pore types and pore-size distributions across thermal maturity, Eagle Ford Formation, southern Texas. AAPG Bull 99: 1713-1744

Qi H, Ma J, Wong P (2002) Adsorption isotherms of fractal surfaces. Colloids Surf A Physicochem Eng Asp 206: 401-407

Rigby SP (2005) Predicting surface diffusivities of molecules from equilibrium adsorptionisotherms. Colloids Surf A Physicochem Eng Asp 262: 139-149

Ross DJK, Bustin RM (2009) The importance of shale composition and pore structure upon gas storage potential of shale gas reservoirs. Mar Pet Geol 26: 916-927

Rouquerol J, Rouquerol F, Sing KSW (1998) Absorption by powders and porous solids. Academic Press. ISBN 0080526012

Sakhaee-Pour A, Li W (2016) Fractal dimensions of shale. J Nat Gas Sci Eng 30: 578-582

Schmitt M, Fernandes CP, da Cunha Neto JAB, Wolf FG, dos Santos VSS (2013) Characterization of pore systems in seal rocks using nitrogen gas adsorption combined with mercury injection capillary pressure techniques. Mar Petrol Geol 39: 139-149

Shao X, Pang X, Li Q, Wang P, Chen D, Shen W, Zhao Z (2017) Pore structure and fractal characteristics of organic-rich shales: a case study of the lower Silurian Longmaxi shales in the Sichuan Basin, SW China. Mar Pet Geol 80: 192-202

Sing KSW, Everett DH, Haul RAW, Moscou L, Pierotti RA, Rouquerol J, Rouquerol F, Siemie-niewskat T (1985) Reporting physisorption data for gas/solid systems with special reference to the determination of surface area and porosity. Pure Appl Chem 57: 603-619

Sing K (2001) The use of nitrogen adsorption for the characterization of porous materials. Colloids Surf A 187-188: 3-9

Stoeckli HF, Houriet JP (1976) The Dubinin theory of micropore filling and the adsorption of simple molecules by active carbons over a large range of temperature. Carbon 14: 253-256

Stoeckli HF, Kraehenbuehl F, Ballerini L, De Bernardini S (1989) Recent developments in the Dubinin equation. Carbon 27 (1): 125-128

Strąpoć D, Mastalerz M, Schimmelmann A, Drobniak A, Hasenmueller NR (2010) Geochemical constraints on the origin and volume of gas in the New Albany Shale (Devonian-Mississippian), eastern Illinois Basin. AAPG Bull 94: 1713-1740

Sun M, Yu B, Hu Q, Chen S, Xia W, Ye R (2016) Nanoscale pore characteristics of the Lower Cambrian Niutitang Formation Shale: a case study from Well Yuke #1 in the Southeast of Chongqing, China. Int J Coal Geol 154-155: 16-29

Tian H, Pan L, Xiao X, Wilkins RWT, Meng Z, Huang B (2013) A preliminary study on the pore characterization of Lower Silurian black shales in the Chuandong Thrust Fold Belt, southwestern China using low pressure N_2 adsorption and FE-SEM methods. Mar Pet Geol 48: 8-19

Thommes M, Kaneko K, Neimark AV, Oliver JP, Rodriguez-Reinoso F, Rouquerol J, Sing KSW (2015) Physisorption of gases, with special reference to the evaluation of surface area and pore size distribution (IUPAC Technical Report). In: Pure Applied Chemistry 2015. IUPAC & De Gruyter

Trunsche A (2007) Surface area and pore size determination. Mod Methods Heterogen Catal Res

Unsworth JF, Fowler CS, Jones LF (1989) Moisture in coal: 2. Maceral effects on pore structure. Fuel 68: 18-26

Varma AK, Hazra B, Samad SK, Panda S, Mendhe VA (2014a) Methane sorption dynamics and hydrocarbon generation of shale samples from West Bokaro and Raniganj basins, India. J Nat Gas Sci Eng 21: 1138-1147

Varma AK, Hazra B, Samad SK, Panda S, Mendhe VA, Singh S (2014b) Shale gas potential of Lower Permian shales from Raniganj and West Bokaro Basins, India. In: 66th annual meeting and symposium of the international committee for coal and organic petrology (ICCP-2014), pp 40-41

Wang FP, Reed RM (2009) Pore networks and fluid flow in gas shales. In: SPE annual technical conference and exhibition. Society of Petroleum Engineers, New Orleans, Louisiana, p 8. SPE 124253

Wang Y, Zhu Y, Liu S, Zhang R (2016) Pore characterization and its impact on methane adsorption capacity for organic-rich marine shales. Fuel 181: 227-237

Wei M, Xiong Y, Zhang L, Li J, Peng P (2016) The effect of sample particle size on the determination of pore structure parameters in shales. Int J Coal Geol 163: 177-185

Wood DA, Hazra B (2017) Characterization of organic-rich shales for petroleum exploration & exploitation: a review—part 1: bulk properties, multi-scale geometry and gas adsorption. J Earth Sci 28 (5): 739-757

Xia J, Song Z, Wang S, Zeng W (2017) Preliminary study of pore structure and methane sorption capacity of the Lower Cambrian shales from the north Gui-zhou Province. J Nat Gas Sci Eng 38: 81-93

Xie H (1996) Fractal—an introduction to lithomechanics. Scientific Press, Beijing. 369 pp. (in Chinese)

Yang F, Ning Z, Liu H (2014) Fractal characteristics of shales from a shale gas reservoir in the Sichuan Basin, China. Fuel 115: 378-384

Yang F, Ning Z, Wang Q, Liu H (2016a) Pore structure of Cambrian shales from the Sichuan Basin in China and implications to gas storage. Mar Petrol Geol 70: 14-26

Yang R, He S, Yi J, Hu Q (2016b) Nano-scale pore structure and fractal dimension of organic-rich Wufeng-Longmaxi shale from Jiaoshiba area, Sichuan Basin: investigations using FE-SEM, gas adsorption and helium pycnometry. Mar Pet Geol 70: 27-45

Yao Y, Liu D, Tang D, Tang S, Huang W (2008) Fractal characterization of adsorption-pores of coals from North China: an investigation on CH_4 adsorption capacity of coals. Int J Coal Geol 73: 27-42

Yuan W, Pan Z, Li X, Yang Y, Zhao C, Connell LD, He J (2014) Experimental study and modelling of methane adsorption and diffusion in shale. Fuel 117: 509-519

Zhang T, Ellis GE, Ruppel SC, Milliken KL, Yang R (2012) Effect of organic matter type and thermal maturity on methane adsorption in shale-gas systems. Org Geochem 47: 120-131

Zhu X, Cai J, Wang X, Zhang J, Xu J (2014) Effects of organic components on the relationships between specific surface areas and organic matter in mudrocks. Int J Coal Geol 133: 24-34

第8章 结　论

地球化学剖面数据是表征非常规页岩储层的关键。然而，如果没有彻底的理解这些数据及其局限性，就有可能会提供具有误导性和模棱两可的解释。开放体系程序化热解实验（如 Rock-Eval）和有机岩石学分析技术常常用于烃源岩的地球化学分析。热解技术因其可以快速、经济和简便地提取有用数据而得到更广泛的应用。利用 Rock-Eval 技术可以获取有机质丰度、生烃潜力和成熟度等关于页岩储层的重要信息。

不同类型的干酪根具有不同的生烃潜力，本质上受控于 H/C 原子比、氧元素含量和成熟度。Rock-Eval 分析可以通过不同的热解谱图信号来区分不同类型的干酪根。Ⅰ-Ⅱ型干酪根中氢元素含量较高，活性也更强，在 Rock-Eval S2 峰值下（即便是在较小的进样量下）可以生成更多的烃类流体。通常，Ⅰ-Ⅱ型干酪根的 S2 热解谱图表现为较窄的高斯分布形态。相反，Ⅲ-Ⅳ型干酪根生烃能力较弱，在 S2 热解谱图的峰形较宽且右支常出现拖尾现象。因此，通过仔细监测谱图形态可以有效地表征页岩性质，评价干酪根质量。

尽管人们不会经常对 Rock-Eval 的 FID 信号进行监测，但它同样可以提供关于富有机质页岩的有用信息。由于富氢（Ⅰ-Ⅱ型）干酪根可以生成更多的烃类流体，它们往往会造成 FID 信号的过饱和，尤其是进样量不断增加时。FID 信号过饱和可能会导致对 S2 峰值和 HI 错误的估算，并常常会生成一个更宽的 S2 谱图。这种情况下获得的 T_{max} 的准确性也会降低。另外，当 S2 值由于样品中干酪根含量低或干酪根贫氢元素而很低时，FID 计数会统计不足，T_{max} 值可能也不准确。Ⅲ-Ⅳ型干酪根常常也会给 Rock-Eval 数据解释带来不同的挑战。尽管它们较低的 S2 峰不会使 FID 信号饱和，但其在氧化阶段（用 S4CO2 氧化曲线代表）生成的 CO_2 可能会和无机成因 CO_2（用 S5 曲线来表示）发生重叠，从而导致错误的 TOC 计算结果和对烃源岩错误的解释。保持较低的进样量，可以使有机质在较低的氧化温度下充分燃烧，进而得到更为准确的 TOC 估算值。此外还需要对 S2、S4CO2 和 S5 峰的谱图进行仔细的检查和监测以确保获得有意义的 Rock-Eval 解释结论。同样地，为了进行生烃模拟和原地流体估算，需要对页岩基质和惰性有机质的影响进行仔细的监测和校正，对于含Ⅲ型干酪根的沉积物而言尤为如此。因为生烃过程发生后，滞留在页岩内烃类流体的数量会受基质矿物组成的影响。黏土矿物，尤其是伊利石，往往会滞留大量的烃类。黏土矿物组成和富有机质页岩中总的黏土含量对页岩的表征非常重要，因为已知某些黏土矿物在某些条件下对干酪根动力学反应有催化作用。此外，由于富黏土页岩相较于富硅质页岩对压裂增产的响应较差，某些页岩储层尽管具有很好的生烃潜力，但实际产量低，仅能作为较差的页岩储层。

相对于年龄较老的地层，年轻地层中的沉积物往往具有较高的氧指数。这一发现需要通过不同成熟度下有机质的地球化学信息来进一步证实。但许多学者认为在较老的成熟岩石中仍存在稳定的含氧基团,因为通过评估此类化合物和碳酸盐矿物对富有机质页岩 Rock-Eval S3 和 S3′的影响后发现,确有来自前者的影响。通过解离热解谱峰和氧化温度,可以描述碳酸盐矿物的种类,这一研究内容拓宽了岩石热解技术在非常规页岩储层评价中的应用。

为了获得准确而可靠的结果,像 Rock-Eval 这样开放体系下的程序化热解设备要求样品的进样量在 5~30 mg,试样碎样尺寸约为 212 μm。最佳的样品进样量还取决于样品性质。含 Ⅰ–Ⅱ 型干酪根的页岩样品生烃潜力高,生成的 S2 峰较大,可以通过现有的 Rock-Eval 设备以较小的进样量进行分析。TOC 较低,含Ⅲ–Ⅳ型干酪根的页岩样品,其 H/C 原子比较低,生成的 S2 峰较小,最好使用较大的进样量进行分析。另外,对于高 TOC 的含Ⅲ–Ⅳ型干酪根的页岩,进样量不宜太大,以防止形成失真的 S4CO2 氧化谱峰。除上述问题外,通常认为样品进样量≤30 mg 就无法获得能够全面反映页岩层特征的测试数据,进而导致分析结果的不确定性。开发配备了更高 FID 和红外探测能力的热解设备可以更加准确地探测到热解过程中生成的较大数量的烃类和 CO_2,故允许分析过程中采用更大的进样量。通常,为了减少地层热解结果的不确定性,需要对每个感兴趣区域分析多个样品。考虑到页岩地层在平面上和纵向上的非均质性,需要采集不同位置和深度的样品进行分析,使分析结果能反映整套地层的情况。此外,还需要对多个样本子集进行重复分析以确保分析结果能充分代表所采集样品的页岩地层。

建立富有机质页岩中干酪根混合物的反应动力学,实现模型和已知成熟度(例如一系列经历了不同埋藏史样品的实测镜质组反射率或其他地球化学生物标志化合物)的最佳匹配,对确定特定页岩层在某一埋藏和热演化范围内的生烃时间和转化率至关重要。大部分成熟度模型都基于阿伦尼乌斯方程,通常只考虑了特定的指前因子(A)下活化能(E)的分布。基于有代表性的单个 $E\text{-}A$ 数据对,通过阿伦尼乌斯方程中温度随时间的积分计算出累积时间–温度指数($\sum TTI_{ARR}$)有很多益处。这使得我们能够精确地模拟富有机质页岩所达到的成熟度水平,并将其与地质时间尺度下的埋藏史联系起来。为了定量计算页岩中干酪根到烃类的转化率,需要一个干酪根动力学范围或分布(即一组 $E\text{-}A$ 数据对),而不是将单个的 $E\text{-}A$ 数据对用于成熟度建模,这样就可以考虑到目前存在的各种干酪根成分和烃类生成过程中涉及的多种一级化学反应。富有机质页岩中干酪根的动力学特征分布范围符合已知的干酪根动力学趋势,通常具有明显占优势的 $E\text{-}A$ 数据对。利用这条 $E\text{-}A$ 趋势线,我们就可以应用与确定的 $E\text{-}A$ 趋势相关的恰当的动力学参数来计算累积的烃类转化率。$E\text{-}A$ 动力学反应分布还有助于准确拟合页岩(由单一或多种类型干酪根组成)生成的 Rock-Eval S2 峰,从而可以确定主要的反应动力学。相对于成熟样品,未成熟页岩可以提供更加可靠的干酪根动力学信息。这是因为与生烃过程有关的一级反应动力学决定了未成熟样品的热解 S2 峰。相反,与已生成液态烃裂解有关的二级反应和其他非动力学过程(如微孔和非有机矿物对烃类的滞留作用)也会影响成熟富有机质页岩样品的热解 S2 峰。

生物标志化合物及其稳定同位素分析是研究常规含油气系统的成熟方法。然而,在页岩气系统中,温度和压力对生物标志化合物及其同位素组成的影响还有待深入研究。中国和美国一些产页岩气的盆地存在天然气稳定碳同位素反转的现象,有必要对这一在干酪根转化生气的热演化过程中发生的现象进行深入的研究。若能准确估算干酪根的成熟度,有助于更好地评价此类盆地富有机质页岩的生烃潜力。

富有机质页岩中的烃类大多赋存于孔隙内，故孔隙结构和孔径分布是描述页岩储层品质的重要参数。富有机质页岩的孔隙结构和孔径分布变化极大，通常使用低压气体吸附分析技术来评价。纳米孔与分形维数的关系表明，根据低压气体吸附分析数据计算出的孔隙结构数据可能并不十分准确，如以氮气作为吸附质时可能会导致部分参数的值被低估。富有机质和贫有机质页岩的低压气体吸附分析也表明，氮气作用吸附质会导致有机质中发育的孔隙被低估。相较于氮气，开展低压气体吸附分析时使用二氧化碳气体作为吸附质，可对有机质中的孔隙做出更为准确的计算。

低压气体吸附分析为富有机质页岩的孔隙结构表征提供了关键数据。但是，还需要对这项技术做进一步的改进，并准确限定吸附剂的使用。当前页岩孔隙结构参数的解释大多依赖于有限的数据（来自有限的层位和地区），因此还需要在全球范围内开展更多、更详细的研究。此外，还需要加强实验室尺度（碎样）孔隙结构分析和原位孔隙构造研究的结合，这对于二氧化碳封存的研究尤为重要。